来自中国：
迷人之境

［秘鲁］吉叶墨 著
奚晓清 译

五洲传播出版社
China Intercontinental Press

图书在版编目（CIP）数据

来自中国：迷人之境的报道 / (秘) 吉叶墨 (Guillermo Danino) 著 ; 奚晓清译 .
-- 北京 : 五洲传播出版社 , 2016.9
（拉美专家看中国系列）
ISBN 978-7-5085-3458-9

Ⅰ . ①来… Ⅱ . ①吉… ②奚… Ⅲ . ①中国—概况 Ⅳ . ① K92

中国版本图书馆 CIP 数据核字 (2016) 第 163319 号

出 版 人：荆孝敏
策　　划：孙新堂
责任编辑：姜　珊

来自中国：迷人之境

出版发行：五洲传播出版社
地　　址：北京市海淀区北三环中路 31 号生产力大楼 B 座 6 层（100088）
电　　话：010-82005927
网　　址：www.cicc.org.cn
开　　本：710×1000mm 1/16
印　　张：16.75
设计制作：紫苏文化
印　　刷：北京光之彩印刷有限公司
版　　次：2016 年 9 月第 1 版 2016 年 9 月第 1 次印刷
定　　价：38.00 元

目·录

前言

从内部深入了解中国于我而言像是挖掘出一座珍贵的宝藏。

赏其之美，学其文化，交其之人，这三条乃是一个外国人了解陌生国度的可能途径。若认真践行，便能汲取大量信息，激发灵感与思考，获取丰富的人生经验。

一次，在一位老师家，在谈到汉语中一些具体问题时，我们绕进了死胡同。这位老师和我都对一个小问题束手无策，这是在所有语言中都会大量出现的那种很琐碎的问题，而在汉语中这样的问题似乎格外多。突然，我的这位老师朋友灵机一动，看他八岁的儿子正在一旁专注地学习，便把问题抛给了他。而这位小朋友居然毫不犹豫，也不翻书，信心十足，轻松地向我们解释了那个困扰我们的汉字的几种发音和含义。我惊讶地望向我的朋友，他则脱口而出：“三人行，必有我师啊！”

当中国人带着这份对至理名言特有的虔诚，重复着这些千百年来流传下来的名言时，我们需得承认在这些充满智识的语言背后，凝聚的是几个世纪以来亿万人民集体经验的结晶。万千民众的智慧就藉由这朗朗上口的简单几个字淋漓尽致地传达出来了。

这句源自孔子的名言说的是：我与两人同行，必在其中遇见我的老师。这种开放的心态、谦虚的态度揭示了人际交往中一个重要的事实：每个人都有其长处，要紧的是善于领悟。

如若把孔夫子的这句名言运用到处理各民族关系以及文化交流的问题上，或许我们可以从分享交流的态度出发，重铸世界历史的进程。

为了拓宽自己在大学封闭环境所获得的关于中国的见闻，我不断地旅行，从拉萨到哈尔滨，从乌鲁木齐到福州……在旅途中我学会了提问、聆听、观察与欣赏。本书的内容包含了意外的遭遇、偶然的相逢、惊人的发现、来自不同文化背景的人们之间的互助互爱，以及人们的经验知识，可以说是一座陈列着百科全书的博物馆。其中所涉及的每一个主题都只是一段刚刚展开的，尚待探寻，更远未结束的旅途。

我确实很幸运，因此我更需要努力前行。态度，机缘，尤其是人，都是这一连串奇妙旅程的关键组成。

《来自中国：迷人之境》，我给本书取了这样一个名字，因为它诞生在这个国家，它的内容源于我所认识的中国人。中国文化既是它的起点，又是它的目的地。

对比与巧合，新闻与旧识，凝视与思考，语言，艺术，社会，科学，美景，风俗习惯。我就是这样一步步地发现了一个又一个奇迹。

我所遇之人的高贵品格，传统文化的丰富内涵，自然美景与人文艺术的绚丽多姿，所有这一切都令我深深着迷。我还有什么理由不和大家一起去分享我在中国的所见所闻呢？

于是，便有了《来自中国：迷人之境》这本书。

鹤 林

给你写信时，我刚刚到达了北京。我正式答应过你，也答应过其他的朋友，要把我的感受写给你们看。那我就抓紧这第一个空闲时间写点东西吧。

在航班上，我思考了一下这次改变于我意味着什么。我正飞向地球的另一端，从夏天飞向冬天，从黑夜飞向白昼，又从白昼飞向黑夜，飞到一个陌生的世界。更巧的是，这一天恰好是我五十岁生日。可以说这次旅行是人生的重大转变，至少对我来说如此。

在飞机上，我脑海中不断涌现出一些关于地球另一端这个遥远国度的老生常谈。然而，遥远的概念总是相对的，对我和我周遭的人和事来说一直如此。当我们说“这事在这里可是实情，就和在中国一样”，我们想表达的是一种距离差异上的极致，似乎中国是比国外还要遥远的一个地方。因为中国代表着未知，代表着神秘，代表着异国风情。而上面这种说法似乎也并不是绝对的。

中国的领土面积比整个欧洲还要广阔，人口占世界总人口的四分之一，文化传统源远流长。中国拥有世界上最高的山峰，个性鲜明的习俗，差异明显的民族和语言，这所有的一切都构成了一个广袤丰富、令人心醉神驰的世界。

一早上，当我打开行李，看到一路上我丝毫未碰过的闹钟时不禁又吃了一惊。利马的时间正是北京当地时间。这十二个小时的时差足以显示出这 180 度的大转变，而且很快就让我尝到了苦头。

最让人猝不及防的变化之一是生理上的：午夜时分会感受到中午的饥肠辘辘，中午时分昏昏欲睡；当万籁俱寂之时，会突然兴起，想出去走一走甚至是工作一会儿；明明很有意思的参观活动上，又困得睁不开眼睛。这些困难该如何克服呢？我自问，那些由于职业需要，每天往返于东西半球的人又是如何解决这些问题的呢？然而无论如何，我现在确信自己并不是在超音速时代周游世界的料。

乘飞机到达一个国家后第一个接触的地方该是飞机场。然而对我来说似乎并不如此。我说似乎，是因为我不知道该如何去界定我在飞机着陆前就看到的月亮，中国的月亮。这轮明月和在我们的世界看到的月亮是一样的。然而这又圆又大的月亮却并没有使我想起熟悉的《吉普赛谣曲》[1]中的月亮，寓言故事中的奶酪月亮，库斯科的月亮神庙[2]，亦或是人类的登月探险。这时的月亮仿佛让我看到了琉璃瓦飞檐顶，大诗人李白，神话传说中天宫上的灯笼，月宫中居住的嫦娥仙子。这沉静、微笑的月亮一定是正式负责欢迎我的吧，带着中国人传统的温和友善。那迷人的月色使我想起了王维的一首绝句：

1.《吉普赛谣曲》是西班牙著名诗人加西亚·洛尔卡 1927 年发表的成名作。

2. 库斯科城是秘鲁南部著名古城，古印加帝国首都。印加人在古城里修建了他们信奉的五种天象神庙——太阳神庙、月亮神庙、星星神庙、雷电神庙和彩虹神庙。

独坐幽篁里，弹琴复长啸。
深林人不知，明月来相照。

不出我所料，抵达机场后迎接我的是熙熙攘攘的人流。清一色的黄皮肤、蓝衣服。我努力地靠近观察想要弄明白这惊人的高度统一。机场内井然有序，没有任何冲撞吵闹，人们脸都挂着淡淡的笑容，形成了一种独特的安定平和的氛围。他们的目光是坦白的，是直接的，开放的，好奇的，想要交流的。然而我们身体上虽然接近了，心理上却依然遥远。我仿佛是一滴水，坠入这涌动的、恬静的茫茫人海中，虽然周围有无数水滴相伴，却感觉孤单而疏离。

距离，距离感又一次猝不及防地朝我袭来。我们都知道一座城墙，它全长超过七千公里，那是多么诱人而牢不可破的象征啊。此刻，这距离陡然化作了一道绵延千里、切切实实的“音墙”，因为它能够真切地被听到、看到，可以用文字的形式书写下来。中文的声调变化非常奇特，音素难以模仿形容，听起来如坚果的外壳般干脆。这是世界上使用人口最多，也是最古老的一门语言。而对我来说，这道语言的“音墙”简直就是世界上最难攻克又是最具吸引力的城墙。所有的城墙对于有勇气前来挑战它的人来说似乎都承诺展示出一片未知的、安逸的风景；然而高墙也有严酷的一面，陡峭的墙体，令人目眩的高度，试问又有几人能真正征服它？

人群中出现了一个同样黄皮肤、蓝衣服的中国人朝我做着手势让我去一个小窗口前排队。我排在这蓝黄两色的长长的队伍中，焦虑却渐渐抚平，我想到在机场出口有人正不慌不忙地等着我。跟着队伍，我来到了海关入境口。当我给海关的工作人员——一个脸上挂着微笑，朝气蓬勃的小伙子看我的打字机时，他流露出疑惑不解的样子。很快我就明白了原因，这个小伙子不确定“打字机”这个古怪的词怎么写。他在左手心上写了几笔，又晃了晃手，似乎希望这样就能把字的笔画排对位置，然而未能奏效。他只好求助旁边工作的同事，而他的同事就像在改一份粗心的学生作业一样，把他手上的字几笔涂掉，重新写了一遍。从那一刻起，我就下决心要学习中文。而不管过去、现在、还是将来，自始至终我都认为面前是一条需要耐心，充满艰辛的学习道路，何况直到今天我的进步也十分有限。“千里之行始于足下。”我当时这样对自己说，却不知道该去向何方，也不清楚究竟要付出多少努力，但我想将来的成就感一定对得起之前的辛苦付出。

“打字机”在这门古老的语言中该如何表达呢？它的文字是蘸着墨水一笔一划写出来的，似乎与机械自动化格格不入。如果要建造一台真正有四千个基本汉字的打字机，要花费天价了吧？会不会像个笨重的怪物？汉语中又是如何引入西方的技术词汇的呢？

我就这样沉浸在思考中向前走着，不时避开迎面过来的人流。突然间，奇迹出现了，我听到有人在清晰地喊我的名字。我在一张张脸孔中仔细地搜寻，终于发现了他！他正在冲我微笑，仿佛在说，我认识你，这下你可跑不掉了！

在这一刻，我才真正感觉自己着陆了。整个东方世界都因这一个熟悉的字眼瞬间亲切起来。“欢迎你！你还好吗？”我的新朋友向我问候。他用纯正的西班牙语对我说，他是我将要去工作的南京大学派来接我的，从这一刻起我就由他来负责了。

“我叫鹤林，中文的意思是仙鹤栖息的森林。顺便告诉你，仙鹤在我们的文化中是种吉祥的鸟。”我对他说：“鹤林，很高兴认识你！不光因为你是我在中国的第一个朋友，而且当我看到你时，我心里就踏实下来了，我信赖你。”

我的确没有想错，鹤林很熟悉机场的各种手续，很快就帮我取出了行李，登记了证件，接着又将我带到一间宽敞的休息厅。这里的环境相对安静，座椅也很舒服，我们聊了一些我感兴趣的话题。我了解到一些关于鹤林的情况（他是南京大学西班牙语系的）以及中国生活的大致情况。我发觉自己开始陷入一片大海，开始触摸这

鹤林

个广袤无垠的新世界，这是一片未知的大陆等待着我去探索。而现在一切都进展顺利。

我们在机场休息时，我一直惦记着刚才路上瞥见的几幅巨大的壁画，就请鹤林带我去近距离欣赏下。他很高兴地带我参观了机场的大厅、餐厅和几个我可能感兴趣的地方。

我惊喜地看到了十几幅不同风格的壁画，绚丽又极具装饰性，色彩与线条的结合优雅大方。“但是，”我不解地问鹤林，“机场是一座向世界展示的窗口，为什么不利用这些壁画来展示更具中国特色的生活场景呢？”

“我不明白您的意思。”

“到目前为止我所看到的壁画，尤其是餐厅里的这幅，在我看来只能算是亚洲风情，可以说是印尼、泰国、菲律宾或是亚洲其他什么地方，并不具有典型的中国特色。”

“我来给你解释下吧，”鹤林笑了，“这些壁画上出现的是吸引大家前去探索挖掘的，我们国家一些鲜为人知的少数民族传统文化。在中国有五十六个不同的种族、民族或者说是文化，究竟用哪个词更确切，人们还在讨论中。人口最多的民族是汉族，我也是汉族人。汉民族名字的由来可以追溯到公元前2世纪至4世纪的汉朝。汉族人可以被称作是典型的中国人，占全国人口的95%，你在机场里看到的大部分都是汉族人。”

“其他民族相对于汉族来说，都叫少数民族。维吾尔族、蒙古族、藏族、满族、壮族、锡伯族、哈萨克族，这些民族无论是在人口还是社会影响上都远不能与汉族相比。然而尽管他们人口只占全国人口的5%，分布地区却将近占了领土面积的三分之二。如果你想进一步了解我们的历史，还应该知道，有两个少数民族曾统治过这个国家并影响了它的发展轨迹。首先是蒙古人在十三世纪建立了元朝，马可波罗也曾经到过元朝；另外，满族人自十七世纪起建立了清朝，它的统治长达三百年，这是中国最后一个封建王朝。”

“你看，”他热情地对我说，“虽然出租车已经到了，但是不必着急。你可以好好欣赏下这幅壁画，这一幅是最大的。它有两个名字：‘生命的赞歌’，也叫‘泼水节’。”

我注视着那茂密的热带丛林深处，在赛龙舟的节日上，少男少女们开心地追逐着，说笑着，舞动着，彼此泼水嬉闹着。这景象洋溢着对生命、对自由、对幸福的渴求与热爱！

泼水节

一百三十多个形态、表情各异的人物形象，个个身材健美，表情生动，带给人一种清新愉悦、生机勃勃的感受。这大概是在过节吧。“这是在过节。”鹤林仿佛猜到了我在想什么，“这叫泼水节。是在云南省南部，热带山林地区生活着的傣族人的节日。与这幅壁画相关的，有一段泼水节的传说。”

很久以前，有个残暴的魔王统治着大地。他命令每个村寨都要给他进贡一名少女，否则所有村民都活不成。窈窕美丽的少女雨阳就住在河边，她去河边梳洗长发的时候美得就像晨曦下一株含苞待放的蓓蕾。每当她来到河边，鱼儿都会快乐地围聚在她身边，骄傲的孔雀在她的美貌面前也会惭愧地收起尾巴。然而寨里已经决定将这个少女献给魔王，临行前她对痛苦万分的父亲说，魔王虽然凶悍，但我一定会想办法对付他的。

在魔王的洞穴里雨阳假装过得很开心。魔王很得意，他对姑娘们夸耀说自己刀枪不入，水火不浸。雨阳听后，装作更加顺从了，她如影随形地跟在魔王左右。其他少女不明白她为什么这样殷勤，都很看不起她。

一天，雨阳主动邀魔王饮酒作乐，然后将他灌醉，对他说：“大王你真厉害，所以可以长生不老了，对吧？”“是的，的确如此。唯一可以要我命的是我自己的头发。只要用它勒住脖子，我的头就掉了。”魔王醉醺醺地回答。很快，他就鼾声大作了。雨阳趁机拔下他一根头发，绕在他的脖子上，猛力一拉，魔王的头就滚到地上。

这颗头掉到地上后发出一声震耳欲聋的巨响，随即变成一个大火球，球中有几十个火魔舞动着。凡被火球碰到的东西，都立刻化为灰烬，整个村寨就要变成火海了。雨阳见此情形奋不顾身地扑向了火球，擒住了魔头，火焰熄灭了，大家得救了，而这可怜的姑娘身上鲜血淋漓。其他的女孩子目睹了这一切，终于明白了雨阳之前的所作所为。她们感激涕零地打水为她冲洗身上的血迹。村民们也都纷纷赶来帮忙，而雨阳清洗沐浴后显得愈发美丽动人了。

傣族人为了纪念这位勇敢美丽的姑娘，在每年四月的时候举行泼水节庆祝傣历新年的到来。节日期间，所有的村民都走上街头，互相泼水以示美好的祝福。

“听了这个传说，我仿佛听到了他们的笑声和歌声。”我说，“这真是一首生命的赞歌，一个多么欢乐的节日，能停下来欣赏这样一幅艺术品真是一种享受。”

“除了这一幅，还有《森林之歌》《黄河》《科学的春天》《白孔雀》等几幅也都很美。但是我们现在还是先不讲更多的壁画、少数民族了吧。我再告诉你最后一个特别有意思的民族—纳西族。她们是母系氏族社会，女人掌管一切。经济大权、工作分配、婚姻关系，都是女人说了算。据我所知，她们还可以挑选丈夫，并且会适时更换。而照顾孩子、料理家务这些事都由男人来干。很特别对吧？你要是有机会碰到进行这方面研究的民俗学家，一定会了解到更多有意思的东西。”纳西族，云南，我默默地努力记住这两个词，期待未来能派上用场。

望着出租车外闪过的一排排高大的树木，树干间隔处显露出的肥沃田地，我继续与鹤林交谈着。

“鹤林，我想告诉你我刚刚做的一个决定。我打算学习中文。我知道中文一定特别难学，但我想既然几亿人都能掌握，为什么我就不行呢？”

“好主意啊！恭喜你！这样的话，你在中国的日子一定会更有意思的。你会发现一个与你的母语完全不同的语言世界。你的经历会更加丰富，朋友会更多，你会更加了解中国人民，而同时你也能更好地理解我们的文化传统。这些从你想学习中文的愿望中就能预见到。”

“你的话更坚定了我的决心，我现在就想开始学！那么中文从零开始该如何学起呢？”

鹤林犹豫了几秒钟，对我说：“那咱们先说说汉语好学的地方怎么样？与西班牙语相比，汉语其实要简单的多，嗯……，至少在某些方面是这样的。我讲给你听吧？”

“好的。愿闻其详。”

“汉语的动词是没有曲折变化的。无论什么时态、人称、语气形式、主动或被动语态都用固定不变的词来表示。而且，在上下文意思明确的情况下，也不用再添加什么新词表示时态。比如，一句话中你用了‘昨天’这个词，就不需要再加别的词来表示是过去发生的事了，用了‘明天’一词，就足够表示将来要发生的事了。现在你大概就明白中国人在学习西班牙语动词变位的时候有多费劲了吧。对他们来说，西语的词尾变化实在是太多太复杂！

“汉语中也无需区分单复数。在西班牙语中说：éstas son verduras frescas（这些是新鲜的蔬菜），ésta es verdura fresca（这是新鲜的蔬菜），在汉语中这两句话表达的意思是一样的。但是，人称代词变复数是个特例：我、你、他（她）、您，后面要加上‘们’来表示复数，也就是我们、你们、他们、您们。

“汉语也不像西语中那样，所有的名词都有阴阳性的区别。一定要区分阴阳性的时候，在人面前加上‘男’或‘女’，在动物前面加上‘公、母’或‘雌、雄’就可以了，非常简单。

“另外，有不同词性的兼类词也是汉语好学的地方。同一个词，可以做名词、形容词、动词或副词来使用。比如‘快’这个字，可以根据它在句中的位置有‘快速的’‘加快速度’‘迅速地’好几种不同的词性和含义。有时候字的位置改变了，意思也就跟着变了。比如“白”字，可以是“洁白”“白色”“漂白”的意思，但如果与动词“吃”连用，则意味着不付钱就可以吃。

“一些双音节词中的两个汉字都分别有自己的含义，那么你学一个词，就相当于学会了三个字。比如，“大家”是由“大”和“家”组成的，“东西”是由“东”和“西”组成的，“吃醋”是由“吃”和“醋”两个字组成，这样的词还有许多，它们会让你的词汇量迅速增加。

“汉字的构字部件在很多情况下都是表意的。一个汉字左边的三点意味着与水相关，比如：河、湖、汁、汗。汉字上半边的艹——草字头，代表与植物相关，比如：茶、芽、莲、藻。带‘贝’字旁的字通常与钱财相关，因为中国最早使用的货币是用贝壳制成的。”

“我看你一直在记我说的，”确实，我口袋里的小记事本早就派上用场了。“这个好习惯你应该保持下去，可以帮助你记忆。我再给你讲最后一条，咱们今天的小课就结束啦。”

“一些合体字的造字法有助于你理解它的意思，这样就容易记住。比如数字‘十’，是一个十字架的形状，‘口’字是一个横着的长方形。‘十’和‘口’组合在一起念‘古’，因为古老的概念就意味着经过了十张嘴或是说十代人啦。

‘好’字，就是把女人的“女”和孩子“子”这两个字组合起来，因为没有什么事情比得上妈妈和孩子在一起更好的啦。单人旁和树木的‘木’放在一起念‘休’，也就是在树荫下休息的意思。好了，我们现在也休息一下吧。第一课先到这里，怎么样？咱们换个话题，我来给你讲一个寓言故事吧。”

有一个人生来眼瞎，从来没见过太阳。他就去问其他人，太阳长什么样啊？“太阳就像这面大铜锣。”一个人敲着锣对他说。过了一段时间，这个瞎子听到了钟声，他就以为这个声音是太阳发出来的。又有一个人对他说：“太阳就像这根蜡烛一样闪闪放光。”瞎子拿起蜡烛来，认真摸了摸它的形状。一天，他摸到了笛子，就自以为抓住了太阳。钟、蜡烛和笛子这几样东西相差太远，然而瞎子并不知道，因为他只是从别人的话中获取的信息。

“所以，”鹤林微笑着总结道，“你应该努力藉由自己的经验去了解中国的真实情况，而不仅是从别人那里听来的印象。”

树、田地、公路、小汽车、自行车。好多的自行车。房屋、街道、广场、宾馆、行李、登记。最后，我们终于进了餐厅。点好了我在中国的第一顿饭，我开始四下打量。漆器屏风、雕花木门、水墨画、摆放在碗旁边的筷子，种种细节让人眼睛都看不过来了。我的注意力最终落在了饭桌中间点缀的几朵白菊上。

“多么美丽的花呀！”

“你在说什么？”

“这些美丽的白菊花呀。”

“什么花？”

那一刻，我在想鹤林是不知道西语中“菊花”这个词吧，毕竟这个词是从希腊文来的，并不常用。但是，出乎我的意料，鹤林笑了，他说：“你说的这些白菊花可并不是什么菊花，连花都不是。它们其实是萝卜，只不过落入了艺术家的手中，就改头换面啦。”

啊？！我难以置信地注视着这些精美的萝卜花。一种看似普通的蔬菜落入能工巧匠的手中居然就变成了令人一见倾心的花朵，我感到既钦佩又兴奋。在中国还会有多少这样的惊喜在等待着我去发现呢！我要谨慎地发表评论，我要一点一点地去发现中国的手工艺人驯服自然、改造自然的水平究竟达到了何种程度，他们还会运用哪些出人意料的材料和方法，创作出多少精美的作品呢?

我又想起了机场里的壁画、泼水节的传说、漆器屏风、我由衷欣赏的那些诗词……，一个民族之所以能够创造出这么多美，正是因为美就在他们的心中啊。想到这里，我又做了当天的第二个决定：我要去挖掘这里的人民心中蕴藏的美，从那些带我去认识中国大地的多姿多彩以及真实情况的人们那里去寻找答案。

我要竭尽全力，像那不知疲倦的蜜蜂一样，面对眼前这无边无际，蕴含着无限可能的风景，盯住饱含蜜汁的那一朵鲜花飞去。

虹箭

玛格丽特，
海是那么美丽，
风儿送来，
柠檬花的甜香；
我的心中，
一只云雀吟唱着：
你的诗句。
玛格丽特，有个故事
我要讲给你听。[3]

3.《给玛格丽特·迪芭丽的诗》片段，作者是尼加拉瓜著名诗人鲁文·达里奥。

她微晃着头，两根小辫子一甩一甩的，对我说：“当学生的时候，我的西语老师建议我们选一个西语名字。我选了玛格丽特这个名字，因为我觉得好听，刚刚念给你听的这首诗我也喜欢，而且我也喜欢听故事。”

“那就是说，你讲给我们听的只是故事咯……”

“哦，那可不是！当然不是。真是故事的话，我会说明的。我要给你们讲的是历史，是传说……好了，我们现在就正式开始吧，因为要讲的东西真是太多了。”

“最后一个问题，玛格丽特，你的中文名字叫什么？”

“我叫虹箭，意思是彩虹之箭。”她又一次晃着头回答我，小辫子一甩一甩的，很可爱。

此时，我们正面对着故宫，又叫紫禁城，北京的正中心。我们的导游虹箭继续讲解道：“1403 年，永乐皇帝，明朝的第三任皇帝，决定从南京——南方的都城迁都到北京——北方的都城。从那时起，明朝就定都北京，再没变过。”

“你看，南京也很重要吧，”鹤林插话道，“我们南京可是六朝古都呢……，啊，抱歉！虹箭，我再也不打断你的话了。”

故宫

“故宫是永乐皇帝下令建造的。城墙有10米高，城墙外环绕着50米长的护城河，四个角都有角楼。关于角楼上的这些琉璃瓦，我要给你们讲一个传说：

“当年永乐皇帝下令迁都北京首先是出于军事上的考虑，当时北方不断受到蒙古人和满族人的侵扰，另一方面，永乐皇帝年轻时就在北京做王爷，对北京很有感情。他派了一名大臣进京主持修建故宫，并且下令要在皇宫外墙——紫禁城的四个犄角上，建四座气势宏伟的角楼。限期三个月必须完成，否则就要杀头。

“管工大臣到了北京之后，就把京城的工头和木匠们都叫来，向他们传达了皇帝的旨意。并且告诉大家说，这些角楼要盖得与众不同，我们得立刻开工，因为没有现成的样型可循，盖不好的话，大家都要杀头。

“究竟需要多少根立柱？立柱与横梁如何榫接？应该用什么样的斗拱？这样那样的问题过了一个月了都还毫无头绪，众人的小命可都悬在这项工程上了，管工大臣为这事苦闷不已。一日，他上街散心，偶然发现一个小男孩正在逗蝈蝈玩。大臣被眼前这景象吸引住了，呆呆地看着这个小男孩，全然忘了自己正在琢磨的难题。过了一会，小孩抓起蝈蝈，一把将它关进了秫秸编的小笼子里，大臣好奇地观察着这个精巧的蝈蝈笼。突然他灵机一动，想到一个好主意。他飞奔回去对干活的工匠们说，这蝈蝈笼子不正好是9根横梁，18根立柱，72条脊，完美榫接在一起吗？于是大伙儿坐下来一起琢磨蝈蝈笼子结构的每个细节，然后不约而同地抚掌大笑。

“受这个小笼子的启发，他们终于琢磨出了样型，最终建成了紫禁城的四个角楼。造出蝈蝈笼子的这个人可真了不起啊，北京人现在回忆起这个传说时还会这样感叹。

“这段历史讲完了，现在我们来说说中国的堪舆术吧，这和故宫的建造关系非常大。堪舆术又叫风水，是一门研究地理环境的哲学。风水学认为宇宙是一个和谐的整体，每个组成部分的位置都非

角楼

常重要，否则就会破坏和谐。星体、山脉、人、万物生灵都应顺应自然规律，出现在恰当的位置上。因此，寺庙、宫殿、城市乃至墓地的选址都有吉凶之分。风水学的理论是玄妙而富有启示性的，有些我们可以从生态学上找出理论依据来。

“从风水学上讲，宫殿要朝向南方，因为东半球的南方温暖。宫殿后要有山或有林，这样能够抵御寒风，宫殿的正前方要有一条缓缓流过的河，流向最好是自西向东，这与中国大部分河流的走向一样，这样的河能够带来许多能量。这种能量，在风水中被称作‘气’。气是宇宙生生不息的原动力，是风水术中最关键的因素，决定着万物生长，不能散掉。

“数字 3 在风水学上是一个基础数字。紫禁城的正门楼下共有三个门，正中间的门是留给皇帝专用的。故宫由三排南北平行的建筑群构成，中轴之上有三大殿和后三宫。接下来我们马上会参观到各个宫殿，我会给你们逐一讲解它们的功能。

“午门以里，太和门前流过的是内金水河，再往后走就是太和殿。皇帝的宝座居于大殿的中心。太和殿是举行国家重大庆典的场所。每年元旦、冬至、皇帝生日这三大节庆以及公布金榜、派将出征等活动都在此举行。太和殿后面是中和殿，是皇帝去太和殿参加大典之前休息、准备的地方。保和殿位于中和殿后，是皇家设宴的场所。

“故宫内廷的正门是乾清门。内廷后三宫之首是乾清宫，历史上曾经一段时期是皇帝的寝宫。交泰殿在乾清宫之北，曾经是皇后的寝宫，后来成了宫中储印的地方。内廷最后一个宫殿是坤宁宫，也是皇后的居所。

“中轴两翼的宫殿我们没有时间一一参观了，我大致给大家介绍一下。中轴左侧是养心殿和西六宫。中轴右侧是斋宫、东六宫、奉先殿和宁寿宫。此外还有珍宝馆、御膳房、文物库房等一些次要建筑。珍妃井就在一个小院里。

“那珍妃是谁呢？回答这个问题之前还有一个重要信息告诉大家。我们现在参观的故宫于公元 1406 年修建，二十万人花了十四年时间，于 1420 年建成。建筑用的木材大部分是从遥远的云南和四川运抵京城的，还有那些巨大的石块是利用先在地上泼水，等冬天路面结冰后再推动的巧妙方法来实现搬运的。

“说起珍妃，不能不提中国历史上一个重要人物：慈禧太后。慈禧是咸丰皇帝的贵妃。咸丰帝生于 1831 年卒于 1861 年，他立慈安为后，又称东太后，因为慈安的寝宫在紫禁城东侧宫殿，这里也是正宫娘娘居住的地方，地位仅次于住在紫禁城中心的皇帝。由于慈安没有子嗣，慈禧太后就和他的儿子同治帝一起登上了政治舞台。

“咸丰皇帝三十一岁早逝，同治皇帝六岁就即位了。自此以后，皇家大权就落入了专横残暴的慈禧太后手中，直到自己的儿子去世前几个月才将大权交还给他。同治帝去世时年仅十八岁，慈禧命其四岁的侄子即位，年号光绪，并再度垂帘听政。光绪帝到了婚配年龄，慈禧就替他做主，选了自己的亲侄女为皇后。这位皇后被北京老百姓戏称为‘马脸’皇后，原因就不用说了。除了皇后，皇帝还可以娶其他妃子。光绪帝就挑选了美丽聪慧的珍妃，她的父亲在朝廷做官。皇帝因宠爱珍妃冷落了皇后，所以慈禧太后打一开始就不喜欢珍妃。

“1900 年八国联军侵华，逼近了北京。慈禧太后非常害怕，打算带着光绪帝出逃。珍妃却认为皇上出逃是怯懦的行为，大敌当前，一国之君不该置子民的生死于不顾，光绪帝至少应该留在京城主持大局。慈禧一向独断专行，这次更借口当前时局混乱，命令太监将珍妃推入一口井中，珍妃井就在故宫东北部，我们马上就会看到了。

“有关紫禁城，这座宏伟庞大的深宫大院的历史传闻真是多得数不清。但是你们想得到吗？虽然故宫戒备森严，一次居然让个疯子闯入了太和殿中！ 1905 年光绪皇帝在位年间，有一天，值班的守卫忽然发现金銮殿的一扇窗棂有脱落的迹象。他们打开殿门一看，一个人正在殿内手舞足蹈。众人随即将此人擒住，从他身上搜出带鞘短刀一把、小刀一把、几盒火柴、一条手巾、几枚铜板、紫红石头一块。此人 29 岁，言语混乱。御医诊断他是肝火挟痰之症，以致神智不清。这个人后来被施以绞刑，他的遗物就作为报酬留给刽子手了。

“现在我们到了紫禁城北门外，我们眼前这座山叫景山。前面我给大家介绍过的风水学就与这景山有关。这座山是用挖护城河的泥土堆积而成的，共有五座高约 43 米的山峰。明初，朝廷在景山的中峰上堆了大量的煤，所以景山又被称作煤山。景山上有五座峰亭，中间最高的是三层重檐金色琉璃瓦的亭子，叫做万春亭，亭内供奉着一尊佛像。

“最后要说的是，景山南坡以前曾保留着明朝最后一个皇帝——崇祯皇帝上吊的古树。1644 年，李自成领导的农民起义军攻陷京城，崇祯皇帝宁死不屈，最终选择了自缢。也就在这个时候，中国东北的少数民族满族人利用农民军和明军混战的良机攫取了政权。从此，历史上汉民族统治的最后一个朝代结束了，封建王朝也逐步走向了衰落。满清统治从1644年清军入关起至到1911年结束，长达267年。”

明清两代共有24位皇帝入主这座宏伟的紫禁城宫殿。他们的生活和家庭，他们的朝臣和子民，多少荣辱辛酸、是非功过淹没在了历史的长河中啊！史学家们如能群策群力，史海钩沉，对于人类的历史文化传承可是大功一件！

故事长廊

当天中午我们在北京烤鸭店饱餐了一顿。我第一次品尝了百合银耳羹、芝麻汤圆，当然还有美味的名菜北京烤鸭。饭后，我们的导游虹箭又精神焕发了，她兴致勃勃地带我们去参观了颐和园。

颐和园又被称作夏宫，“颐和”是保养元气的意思。颐和园位于故宫西北方向约 10 公里处，面积很大，风景优美。

从故宫到颐和园有陆路和水路两种方式。陆路方式是从紫禁城北门出，穿过城市，经过田地、美丽的池塘、湖泊。从前皇帝出游前就会派大量专人沿路清扫，之后再铺上金沙等待天子驾临。在每个路口、百姓聚集地以及不宜观瞻的地方都会设屏风，这样老百姓就难以窥见天子的真容。而皇帝坐在龙车中，由上千骑兵开道，也不会看到不雅的事物。

第二种方式是由水路去颐和园。流经故宫城门前的运河叫金水河，至今仍可通航。运河绵延十余公里，河上建有六座桥，还有六个船闸来解决 12 米的水位落差。从前在这条运河的高梁桥上，每年四月初八都会举行浴佛节的庆祝仪式。人们就取这运河中的水“沐浴”佛像。彼时鼓乐喧天，鞭炮齐鸣，好不热闹。

运河上第二座桥是白石桥，这里岸边上有座小巧秀美的寺庙，寺内高台塔座上有五座石塔，因此名为五塔寺。游人可以在这里稍停诵经。接下来第三座桥是万泉河桥，这里有船闸，须在此换船。万泉河旁有一座万寿寺，内有行宫院。接下来是麦钟桥和长春桥，最后一站是颐和园内的绣漪桥。如果皇帝水路出行，便会有专人负责把河道清理得如明镜一般，沿路设驿站、茶社等，供皇帝稍事歇息。

终于，我们到了颐和园。一座气势恢宏、红色立柱黄琉璃瓦壁面的牌楼庄严地对我们讲述着它那不平凡的沧桑岁月。

1153 年，金朝最早在此设置行宫，元朝将其扩建。随后几代王朝继续修建。而最会享受颐和园的美景与奢华的非慈禧太后莫属。颐和园建好后，她大部分时间都在这里度过，并且强迫不幸的光绪

颐和园

皇帝及其妃嫔、随从同她一道住在园中，以防他们趁自己不在紫禁城的时候发动政变。1866年，慈禧下令使用海军军费修缮颐和园，这是众人皆知的，而昆明湖畔停靠的一艘精美的大石舫在一些评论家口中便成了慈禧挪用公款的象征……

颐和园的园墙仿佛一道屏风，不让人轻易窥见园中景象，而当我们来到园墙后面，展现在眼前的是一幅世间少有的美景：宫殿轩榭、亭台楼阁星罗棋布，小山、古树、鲜花，应有尽有。还有一个令人心旷神怡的大湖。我们从哪里参观起呢？

仁寿殿，是坐朝听政、会见外宾的大殿；德和园内是三层楼的大戏台；玉澜堂是囚禁了光绪皇帝六年的地方；转轮藏殿内收藏着佛经。此外，还有为太后祝寿的排云殿、四重檐的佛香阁、宝云阁铜殿、五圣祠等。

在万寿山脚下昆明湖边上，我们坐在长凳上歇息。这时，虹箭对大家说道，我们坐在这里看到的长廊始建于1750年乾隆年间，全长728米，共绘有14000余幅彩画。这些彩画的题材不仅极富装饰性，比如杭州西湖的风景画，还有包含历史传说、小说名著的人物故事画，格外引人入胜。游人们最喜爱的休闲方式便是一边依靠在长廊柱子上休息，一边辨认彩画中的故事，检验一下自己的古典文化知识是否丰富。

比如这里一幅彩绘讲的是诸葛亮“草船借箭”的故事。三国时期东吴的统帅问军师诸葛亮：“水上作战有何种兵器最好？”诸葛亮毫不犹豫地回答他：“用弓箭。”“我们大概需要十万支箭，该怎么办？”“你给我三天时间，我一定能把箭准备好。第三天一早，你只派200名军士来收箭便是。”诸葛亮信心十足的回答。

第二天，诸葛亮借来二十只快船，在船上堆满干草，并在船两侧排好稻草人，其余时间依旧镇定自若地与友人下棋。第三天一大早，他命人摇着这只小船队靠近了敌营。这时江面大雾缭绕，敌军士兵发现了船队，如临大敌般地赶到江边，还没来得及辨认清楚就冲着江面上的船万箭齐发，箭一支支地扎进了船上的稻草中。等船上插满了箭，诸葛亮便下令船队掉头返回，成功地得箭十万余支，兑现了自己的诺言。

这个故事取自中国古典文学史上第一部长篇小说《三国演义》，作者是罗贯中。小说写于1494年，共一百二十回，总共出现了四百多个人物，描绘了公元二世纪末至三世纪末近一百年间的历史风云。

“你怎么不讲讲美猴王孙悟空的故事呢？”鹤林插嘴说：“据我所知，长廊中绘有许多关于这个故事的场景。”孙悟空的故事，又叫《西游记》，作者是吴承恩（1500－1582）。小说共一百回，描述了一个唐朝和尚去印度求得佛教真经的一系列故事。这个和尚确有其人，生活在七世纪。唐僧取经历时七年，一路降妖伏魔，历经艰难险阻，他的传奇故事深受中国人民喜爱。

《西游记》中最突出的人物形象就是美猴王孙悟空了，他英勇无畏、聪慧机智，是最受人喜爱的传奇英雄之一，其形象经常出现在中国的戏剧、戏曲、绘本、电影等众多艺术领域。

传说唐朝太宗皇帝了解到印度有佛教典籍可避免灾祸，便要派

故事长廊

遣僧人前去取经。玄奘当时 27 岁，自愿接受了这项艰巨的任务，自此便有了两个广为人知的名字：一个是唐僧，意思是唐朝的和尚，另一个是三藏，这是梵语，我也不懂它的意思，虹箭说。

唐僧去西天取经，经历了一番磨难之后遇到了因大闹天宫被囚禁在一座大山下的美猴王。唐僧出手相救，猴王便自告奋勇地一路保护唐僧去西天取经。猴王后来取的法名是悟空，意思是觉悟到佛教所说的虚空的含义。孙悟空乃是从一块大石头中蹦出来的，他的右耳朵里藏有一根能变成金箍棒的针，有了它，孙悟空就所向披靡了。传说美猴王离开花果山是为了去寻找长生不老的方法，他去了仙山洞向神仙拜师学到了七十二般变化和腾云驾雾的本领。

《西游记》这部小说中不仅包含历险、幽默、讽刺社会等元素，还融合了佛教、道教传说以及民间神话故事。唐三藏后来又收了两个妖怪为徒，他们原是被贬下凡间的天神，还收了一匹白龙马，再加上孙悟空，师徒四人一起去西天取经。

"这座长廊中还绘有其他著名小说中的场景。其中我能辨认出来，而且最喜欢的就是《红楼梦》了。我来给大家说说其中一段最脍炙人口的故事吧。"

贾珍和贾琏是堂兄弟，他俩家世显赫，经常在一起寻欢作乐。尤氏两姐妹是贾珍的亲戚，两人皆是花容月貌，且依附于贾珍生活。贾珍与贾琏便利用这种关系占尤氏姐妹的便宜。尤二姐性情柔顺，禁不住贾琏的百般引诱，就暗地里做了他的小老婆。由于贾琏的悍妻善妒，尤二姐只得与自己的母亲和妹妹住在一处。

一天晚上，酒过三巡，贾珍贾琏两兄弟又企图对尤三姐轻薄，但没能得逞，他们见识到了三姐的刚强贞烈，便决定将她嫁给一个叫柳湘莲的优伶。柳湘莲一开始同意了这门亲事，并交给贾琏一对家传的鸳鸯剑作为给尤三姐的聘礼。三姐接到聘礼后喜出望外，一心一意地期待起与爱人在一起的幸福生活。

然而忽有一日，柳湘莲开始担心起尤三姐的品德来，他询问周围的朋友是否知晓，大家都吞吞吐吐地说不清楚。柳湘莲思前想后，决定解除婚约。他去找贾琏，向他道歉，并要索回定礼。三姐知道后，不知该如何证明自己的清白，只得在归还宝剑的时候拔剑自刎了。柳湘莲这时方知自己错怪了三姐，他将姑娘冰冷的尸体抱在怀中自责不已。不久以后，他也削发为僧，远离俗世，不知所终了。

《红楼梦》成书于十八世纪，被认为是中国古典文学的巅峰之作。小说刻画了明末清初贵族统治阶层的兴衰荣辱，以一对青年男女的悲剧爱情为核心，向读者展示了一个时代的缩影。故事情节跌宕起伏，描写细腻，情感真挚，堪称一部完美的小说作品。

“哎呀！天哪！”我们的导游不自觉地感叹道，“我怎么一不小心就讲了三部中国文学史上最著名的小说啦，我猜你们一定爱听吧。”她那两条可爱的小辫子又甩了起来。“明天我们要去看一场京剧表演，现在我们还是好好休息一下吧。”她说。

此时此刻，我眼前的景色是如此绚丽多姿，处处充满惊喜。一面是山峦环抱，亭台楼榭，绿树鲜花；一面是翠湖泛舟、水鸟游弋，古桥小岛。自然风景与人文景观完美融合在一起，景色层次丰富，色彩艳丽生动。我们坐在长廊中，屋顶色彩绚烂，廊柱长凳是红绿两色，我们就像在欣赏一幅生动的三维画。游人、飞鸟、白云、清风、花香，构成了这样一个活色生香、如万花筒般迷人的世界。

我们默默欣赏着，驻足凝视着，一步步走过这古代帝王的梦幻长廊，如痴如醉。

少女与贵妃

第二天，在去看京剧表演的路上，一个出租车司机的一番话令我们吃惊不已。

“您几位要去首都剧场？那是喜欢京戏吧？”司机师傅笑嘻嘻地打开了话匣子。此时有两位翻译坐在我身旁，听懂他的话并不费劲。

“我特别喜欢京戏，我们全家人也都喜欢。我的独生女儿就在戏曲学校上学，她今年才十四岁，就已经可以扮演花旦这样很难的角色了。等她在戏曲学校念完七年毕业后，我们就想办法送她去上戏曲学院。您知道目前京剧面临的最大问题是什么？是小生的问题。小生扮演的是青少年男子的角色。演员得年轻，要用假嗓唱和念，动作要轻盈，才能展现出风流倜傥的气质。京剧小生很难演好，所以大家都在担心这个行当会不会彻底消失。”

这时我再也按捺不住好奇心，追问道：“京剧表演中都有些什么角色呀？”

“女性角色统称为‘旦’，旦角可以细分为‘青衣’，主要扮演温婉娴静的女子；‘花旦’，饰演性格活泼泼辣的女性；‘武旦’是擅长武艺的青壮年女性；‘刀马旦’专演提刀骑马的巾帼英雄；‘老旦’饰演老年妇女。男性角色统称为‘生’。‘生’又可分为‘老生’，饰演老年男子；‘小生’，是用假嗓音唱念的青年男子，刚才我已经跟你们讲过了；‘武生’饰演的是武将。第三类角色是‘净’，俗称花脸，一般扮演的是豪迈粗犷的男性，有时甚至是狡诈凶险。最后还有“丑”角，也就是小丑，脸化成白色，是插科打诨、滑稽逗笑的行当。”

“听我的女儿讲，她们学校的要求特别严格，练功特别辛苦。要一遍遍地练习控制气息，没完没了地吊嗓子，我听了就打心眼里更加钦佩那些名角了。对了，你们还不知道吧……”我们已经到了目的地，热情的司机师傅还在滔滔不绝地说着。

今天晚上演出的是两个不同剧目的片段。进门可以取到剧目介绍的小册子，上面还有翻译，这下我们可以轻松地欣赏表演了。

第一出戏名叫《拾玉镯》，开头说的是一位母亲要去隔壁的寺庙进香还愿，就嘱咐女儿看好家里的小鸡。舞台上只有这两个人物，并无其他角色和道具。小姑娘与母亲道别之后，就用生动的表情和动作向我们展示了整个戏剧场景和她要做的家务事。观众追随着她轻盈的身影，逐步就会发现门、鸡舍、房子、街道和她家养的那些鸡，演员精湛的演技牢牢地抓住了大家的注意力。只见她假装系上了围裙，开始给活蹦乱跳的鸡喂食。但是鸡不听话，到处乱跑，还想跳出鸡舍，姑娘着急地追着鸡四处撵。她仔细清点着鸡的数目，发现少了一只，就赶紧跑上街，紧张地四处寻找，终于发现了鸡躲藏的地方，观众们也都跟着她松了一口气。最后，她抱着失而复得的鸡回家，小心翼翼地将鸡舍锁好，终于定下神来。

过了一会儿，她开始在门前刺绣。突然，她似乎看到了什么，停了下来，开始朝街上张望。这时，舞台上真的出现了一位英俊潇洒的青年。接着他俩通过一连串眼神的传递、姑娘娇羞妩媚的表情，恰到好处地向观众展示了二人的一见钟情。然后，年轻公子佯装把玉镯遗落在她家门口，便离开了。姑娘赶忙上前把玉镯拾起，这一幕恰巧被一个路过的媒婆看到了。于是姑娘便请这位老妇人将一只精巧的绣花鞋带给那位陌生公子。这一出戏到这里就结束了，后来我了解到整出剧目的情节十分错综复杂。我只记得那位青年公子其实已娶有妻室，但却对姑娘隐瞒了实情，由此引发了一连串的悲喜剧。

幕间休息的时候，我努力想要学会磕西瓜子和葵花籽，但是要通过上下牙一咬磕开瓜子对我来说实在是比午饭时使用筷子还难，我还得多练习几次才能学会。

京剧《拾玉镯》

今晚的第二出戏叫《贵妃醉酒》。唐玄宗的贵妃杨玉环在后宫可谓是三千宠爱集一身，皇帝一向对她宠爱有加。然而，最近这一阵子皇帝都没有来她宫中，贵妃心中暗自焦急挂念，便精心准备了这次相会。

她最信任的太监自言自语道，娘娘怎么会挑在百花亭中与万岁爷相见呢？原来这与唐玄宗的喜好相关。此时，正值亭中百花盛开的时节，杨贵妃想借此机会唤起圣上对过去的回忆。李白在诗中曾写道："名花倾国两相欢。"贵妃与皇帝都非常欣赏李白的诗，所以今晚两人刚好可以重温旧梦。

舞台上，杨贵妃身着珠光宝气的华服出场了，她被宫女们列队簇拥着，正在做着最后的修饰。她一路走来，仪态万方地欣赏着百花亭中绽放的鲜花，并没有人察觉出她内心深处的牵挂之情。

京剧《贵妃醉酒》

她立在蜿蜒的玉石桥上，注视着池水中游弋的金鱼和野鸭，心儿似乎远离了烦恼。她来到了御膳桌前，平静地审视着每个细节，坐下来的时候又不免望了望对面还空着的座位。所有的太监和宫人们都遵从着宫中的礼节，垂首以待，不敢轻举妄动，圣驾恐怕要等很久才会来了。

就在前一日，贵妃遇到皇帝时，还和他提起了今日要在百花亭中设宴相聚。当时圣上笑笑没有说话，这使得贵妃非常不快，心中暗自担心皇帝移情别恋。终于，苦涩的消息传来了，皇上不能来了，御驾已转去了西宫年轻貌美的梅妃处。杨贵妃终于放下了矜持，她命人给自己斟酒，心中愤恨不已。她生命中最挚爱的已经逝去了，还有什么放不开的呢？尽管圣上的位子空着，太监宫女们还是按照宫中的礼制服侍贵妃，为她斟酒。

这酒名为龙凤酒，杨妃想起了昔日与皇帝把酒言欢的情形，而如今她却不得不在花间独自啜饮。一开始贵妃还在控制着自己的情绪，每次酒到唇边，即打开扇子遮掩住端酒杯的右手。但是很快，她就扔掉了扇子，像男人一样大杯豪饮，甚至还没等太监为她斟好酒放在桌上，就一把将酒杯从太监手中夺去。很快她就感觉身上燥热，于是脱去凤袍，想要站起来，却发现两腿不听使唤。她依靠在桌旁，强作笑容，一边还摇晃着头，不让宫女上前搀扶。

她踉踉跄跄地走向台阶要去赏花。太监宫女们都没人敢上前服侍。她回过头来，又向众人要酒。一个太监跪着上前将盛放在金托盘中的酒奉给她。只见贵妃缓缓端起酒杯，靠在扶栏上，一饮而尽之后便沉沉睡去。

那时正是春末，就在这座百花亭中，杨玉环与李三郎听着最喜欢的诗人李白为时下的曲调所作的诗，开心地咯咯大笑，而此时的李白也是醉意朦胧了。李三郎是杨贵妃对唐玄宗的爱称，她对他是爱之深，也是恨之切。往昔是多么美好啊……然而爱情却又是如此脆弱。时光飞逝，物是人非。欢乐与悲伤，得宠与失宠，原来转瞬即可轮换。此时的杨贵妃仿佛正骑在一匹烈马的背上，向一座深渊狂奔而去。幸亏此时宫人们及时来到她身旁，一名太监跪在地上小心翼翼地碰了碰她的膝盖，欣喜地向她汇报，圣上驾到！

一听这话，贵妃的酒一下子醒了一大半。她立刻直起身来，想要往前走两步。侍女们见她站立不稳，赶忙上前来搀扶。侍女们将她恭恭敬敬地扶到开满鲜花的路旁，按照宫中的仪制，所有人都一齐跪下迎接圣上到来。杨玉环没想到自己还有机会能见到皇上，这一定又是在做梦吧！她以为圣上正站在自己面前，便用袍袖遮住脸庞，又羞又怕，战战兢兢地呆在原地一动不敢动。

最后，太监壮着胆子向她说明了实情。原来他们乃是诓驾，是为了让娘娘醒酒。贵妃一听，顿时瘫软在地上。酒劲更凶猛地袭来，她近乎崩溃了。太监们慌得一齐跪下，大气不敢出。最后，杨贵妃由宫女搀扶着摇摇晃晃地离场向寝宫走去。

这个角色是多么难演啊！需要演员传达出多么丰富的情感与心理活动呀！能懂得她所有唱词的人该是多么享受啊！而我什么时候也能全部听懂呢？

北京的夜，绿荫大道，大道两侧是自行车道。为了修建这三环路，老城墙都被推掉了，那些风景别致，充满老北京特色的胡同和老街也一起消失了，实在是令人遗憾！

我坐在出租车上向外望去是数不清的现代化的高楼、广场、立交桥。间或出现的一两个老建筑又在提醒着我们这里是古老的首都北京。如果日后有机会，我一定会再回来找寻这个城市的味道，探寻它的神秘。并不仅是通过宫殿、纪念碑、广场或是皇家花园，而是通过与人的交往。在这炎热的夏夜，宁静而又喧闹的、温柔的夜里，正在散步的人们。孩子们成群结队地追逐嬉闹着，妇女们盘腿坐在长凳上说着话，男人们光着膀子玩着扑克牌，还有独自在练功做操的人，襁褓中酣睡的小生命。

北京的生活，中华民族的心脏，总有一天我要回来，与你共享一段时光，找出你的秘密。

还我河山

树木，道路，波光淋漓的湖泊，庄稼，房子，村庄，更多的树。在飞机上我努力想看清窗外的每一个细节，心中暗想：脚下的这片土地是多么广博啊，承载了多少个世纪的朝代更迭。这里的每一棵树、每一片湖、每一块田地，无不是人民千百年来辛勤耕耘的结晶。

南京始建于春秋时期，地处中国第一大河长江，也叫扬子江的下游平原。这座城市大概正是由于其优越的地理位置而名垂青史的。南京矿产丰富，因而最早出现了冶铁业、手工业，后来又出现了丝织业，比如声名远播的南京云锦，在后来又出现了陶瓷业等。

南京，坐拥绿树成荫的广场、大道、保存完好的古城墙、紫金山、扬子江。南京，南国的都城，邀我来共享、来工作、来生活。

在大学里，等待我的是西班牙语系四个班的青年学生和十五名老师。我一到学校，他们就由负责人排好顺序轮流来看我。我知道，这是为了认识我，并向我介绍未来的工作伙伴和他们的家人。于是短短几天里，我的交往人数就成倍增长，我甚至感到不像待呆在家中，更像是待在社区里。老师、同学、校领导、职员、校工，大家都同住在一个大学校园里，交流接触自然不断增多。

我给西班牙语系的老师上文学、语言学和文化课。在答疑时间，我帮助他们修改翻译、备课，并且尽可能地解决与教学活动相关的疑难问题。我给学生们上的课包括会话、翻译和语法。你瞧，我的工作挺有意思，周围的人真诚热情，相处融洽。

最近几天，我开始接触中国人的名姓习惯，出乎我的意料，这非常有意思。一些学生在做自我介绍时，会讲给我听他们姓名的来由，值得同你分享一下。

一个学生告诉我，他的名字是堃，这不是个常见字。他的父母告诉他，在他出生后不久，他们曾拜托一位佛教界的朋友为他算命。在看过时辰、查过书后，这位朋友提醒他们：这个孩子命中忌水，恐怕会淹死，因为他的五行当中水太旺，压倒了其他几种物质。化解方法非常简单，给他取个笔画中带土的名字，就可以抑制住水的泛滥，逢凶化吉了。他的父母就给他挑选了“堃”这个字，上半部分是两个“方”字，意味着大量的，而下半部分则是个“土”字。

“还得感谢我的名字取得好，我能活下来，学了西班牙语，现在还能和你聊天呢。”这个学生微笑着对我说，“我的名字里有这么多的‘土’，这我可放心多了，游长江我都敢。”

另外一种情况是给孩子取“动物名”，或是“贱名”“脏名”。在某些地方人们认为，妖魔鬼怪都很愚蠢，很好骗。它们只会害人，人是高级的生灵，而不会害动物或是那些不洁净的东西。这个风俗是我的一个学生讲给我听的，他的小名就叫“白狗”，叫这个名字那些鬼怪就会认为他是狗不是人，就不会再纠缠他。他们告诉我，确实有不少孩子小名叫“耗子”“蚊子”“跳蚤”“臭”等，主要是为了好养活，所幸的是，长大后孩子就可以改个好听的名字了。

古代一个中国人可以有好几个名字：一个是和迷信相关的，就是我们上面所说的这种；上学堂前要取一个“学名”；到了婚嫁年龄要取表字；做官的人还多了“官爵”称呼；文人、书画家会用号，甚至有好几个别号；皇帝即位后要改用新名，死后会封谥号、庙号。在一些特殊情况下，有的皇帝甚至在临终前就拟好了谥号。

现代中国人的名字是姓在前，一般就是一个字，名在后，一到两个字。目前常用的姓氏大概有400多个，要是加上已经消失的或是罕见的姓（谁又数的过来呢？）恐怕超过1500个姓氏了。但是若与中国庞大的人口数字相比，这并不算多。在中国姓刘、赵、李、徐、毛、林的人遍地都是。而第一大姓是“张”，据统计有四千多万人姓张，这当然也是世界史上最大的姓氏了。

从人的名字上并不好判断此人是男是女。字典上任意一个字都可以用在名字中，无论男女都可以用。有人给我讲过一个例子：有一家子，接连生了四个女儿，于是他们给最小的女儿取名“龙”，为的是表达他们想要一个儿子的意愿。在中国传统文化中龙与凤阴阳相对，龙代表雄性，“龙”字本来是男人用的，但实际上叫这个名字的是个女人。而且，也有男人小名叫花、蝶、香、娃什么的，这也与我们前面说的迷信习俗相关。据说妖魔鬼怪也偏爱纠缠害男人而不是女人，因此，男人的名字需要避讳，从这一点上也可以看出中国旧社会传统的重男轻女思想的影响。

在古代，同一个姓氏的人是不能成婚的，除非能够证明他们的祖辈不是同一个地方出来的人，并且要得到皇帝恩准后才能成亲。想想看，那么多姓张的人可怎么办呀！

在现代社会的家庭内部，除了夫妻，一般只在关系很亲近的亲属间直呼名字。通常的情况是在姓氏前冠以“小”字，称呼年轻人，加上“老”字来称呼岁数大的人。亲戚之间一般是依据亲属关系来称呼的。用一个字就可以表示出是来自父母哪一方的亲戚、岁数大小、家中排行老几。比如，二姨妈就是我妈妈的二姐，五堂弟的父亲是我父亲的哥哥或是弟弟。你还记得在上一封信中我提到的杨贵妃对唐玄宗的爱称“李三郎”吗？这是因为玄宗皇帝是家中第三个儿子。

汉语的亲属关系词汇向我们展示出中国家庭内部强大的凝聚力，然而同时也反映出要学习、掌握这些词汇是很不容易的。姓氏的作用非常强大，在口语中可以用来表示一种极致，比如，人们会说“吃得连自己姓什么都忘了”。

另外，中国的贵族姓氏和普通姓氏也没有正式区分，不像在西班牙语中，有时姓氏前的介词（de）可以显示出贵族身份。我记得问过其中的原因，一个学生的回答很风趣：“中国的历史那么长，有过那么多的帝王将相，每个人又都是妻妾成群，子孙满堂，经过了这么多次朝代更迭，说不定我们大家都能和皇亲国戚沾上边儿呢。”

我觉得最有意思的一个例子是我的学生小还给我讲的，她是大三的学生，通过她我获得了意外的知识。

“我知道我们家是有家谱的，是关于我家渊源的历史。有些细节我了解得还不是那么清楚，我会写信让我父亲把具体情况寄来给我看。”

过了几天，她收到了父亲的来信。信的字迹工整、娟秀，这是以我目前的认识水平对于中国书法方面唯一敢妄下的评论。小还父亲信中的大意是这样的：

北宋年间，金兵入侵中原。宋朝有名的大将岳飞奉命抗击金军。岳飞不仅骁勇善战，品德高尚，还是一位诗人。他写出了多首脍炙人口、表露爱国情怀的诗词，“还我河山”就是他的名言。当时朝廷中有个大奸臣嫉恨岳飞，就诬陷岳飞要造反，并将他害死在狱中，如今岳飞的墓就威严地伫立在杭州。

岳飞像

这奸臣担心岳飞的亲人会替他报仇，便下令追杀岳飞家族的人。然而，岳家少数人还是逃跑了，隐居在黄河流域，离南京相对较近的地方。小还和他的父亲就是岳家后人。小还说，那时为了躲避追杀，他家便改姓了“还”，以纪念先辈所写的著名诗句。

小还家还有家谱，也就是记载一个家族世系繁衍的书，家谱中有家训，这是一个家族特有的治家教子的名言警句。至今，还有家族保留着这一优良传统。家训古时书写在丝绢上，挂在厅堂里，并且与家族男性成员的名字相关。小还家的家训由十个字组成，大意是：家族的美德如春天般高洁，才能结出硕果累累。

我们之前说过，名字放在姓氏后面，一般由两个字构成。有家训的家族会从家训中抽一个字放在名字当中。而且，抽字的顺序很严格。如果父亲使用了家训中的一个字，儿子只能使用这个字后面的字，而孙子只能用儿子用过的后面的字……一条家训中的字用完后，再换下一条家训，或是再重头用起。这种取名法在实际应用中的妙处对于没有这种文化的其他家族的人来说就体会不到了。比如，一个人时隔多年后重返故乡，问起另一个陌生人的名字，从他的姓氏上就能知道他是谁家的人，如果他还知道这家的家训，就能发现两人之间的亲戚和辈分关系，这样就可以互相称呼了，称呼的规则可是相当严格的。一个你不认识的小孩，从他的名字上没准就能推断出是你的四舅。那么即使他岁数比你小许多，饭桌上你也要敬着他，给他让路，恭恭敬敬地对待他，因为他是你的长辈。而孝敬长辈的思想源于中国传统的儒家思想。

各种传统、惊喜和发现，下面一个又会是什么呢？我迫不及待地想知道。

昨天是星期六，在几个学生的陪同下，我第一次壮着胆子骑上自行车出门。这真是一次令人难忘的经历。一开始，我非常担心街上的车水马龙，怕一不小心撞上就惨了。但很快我就适应了各种车铃和喇叭“叮铃铃”“滴滴滴”发出的声响组成的交响曲，学会了小心缓慢地穿梭于其间的各种复杂的技巧。而在这近乎学习杂技的阶段过后，我很快迷上了骑自行车：不仅省时省力，人与人之间的距离似乎缩短了。而且这是一种健康的锻炼方式，可以让我们换一种视角看待这座城市。

我们一路向南去参观雨花台。雨花台景色优美，郁郁葱葱，还有一座雨花石博物馆，馆中展出的石头可以买走。我被这不同寻常的精彩展览深深吸引了，数不清的五颜六色的石头盛在装满水的大碗中，真是美不胜收啊！陪同我的一个学生告诉我这些五彩斑斓、色泽艳丽、形状各异的石头是自很久以前起从我们正在参观的雨花台公园中采集到的。传说公元六世纪时有一名法师来到这里的高台讲经，感动上苍，于是天雨赐花，美丽的花朵化作了五彩晶莹的石子，雨花台由此得名。

“这只是一个传说”，另一个学生说：“我来给你讲一段真正的历史吧。在南京城南门外，正对着我们的地方曾经矗立着著名的大报恩寺瓷塔。这座塔在当时被称为‘天下第一塔’，是永乐皇帝为纪念他的母亲下令建造的。塔的结构为八角形，塔身由上好的白瓷贴面，绿色琉璃瓦飞檐，顶冠倾斜，在阳光下熠熠生辉。每层的檐角都悬挂有风铃，全塔上下共有一百多只风铃，风一吹过，叮当作响。这座塔乃是世界奇迹之一，被看做是南京，甚至是中国的象征。据传 1844 年的时候，有几个农民看到两个赤裸的外国女人从塔里悄悄溜走，还窃走了一本珍贵的书。一个法师把这起事件解读为瓷塔被毁的前奏。

1856 年太平天国运动时期，这座壮丽的瓷塔被彻底毁掉了，实在令人扼腕痛心。关于瓷塔被毁的原因众说纷纭，有人说这塔风水不好，有人说这与黄金所铸的塔顶有关，而最令人信服的说法是当时的太平军担心瓷塔被当做攻城的堡垒，于是挖空塔座下的地基将塔炸毁了。”

我们在树荫下蹬着自行车，我还沉浸在刚才听到的那段令人震惊的历史中。突然间，巨大的石墙就出现在我前面，这时小丞的声音把我从沉思中唤醒，她对我说：“这就是南京城墙的正南门了。这座城墙总长度约 34 公里，是世界上现存最长的古代城垣。平均高度为 12 米。顶部有 7 米宽，一些地方达到了 12 米宽。南京城墙不循古代大多数都城取矩形的旧制，而是因地制宜，依山傍水而建。”

“明城墙所使用的墙砖是在 100 多个不同府、县烧制的。每块砖不仅大小统一，还要有铭文，即砖上要刻上造砖人的姓名、各级监造官的名字、产地、制造年代，这样做是为了保证砖的质量。据说，砖造的不合格可是要掉脑袋的。砖和砖之间的粘合剂是用石灰砂浆和糯米汁混合制成的。

城墙的墙体有一段是用石块筑成的。明初建城时，共开城门十三座。我们现在看到的正南门，不仅是现存规模最大、保存最完好的一座古城门，也是结构最复杂的古堡垒，其地道中可藏兵三千余人。我们还是继续往前骑吧，前面有个地方你肯定喜欢。”

现在骑在自行车上我已经自信多了，甚至敢和旁边同行的学生聊上几句了，当然还得时刻留意着别出危险。

“你叫什么名字来着？我记不清了。”我问一个学生。

“我叫香碗。”

“这个名字有什么含义吗？”

“意思是饭碗飘香。这是我出生时祖母给取的名字，为的是我不会挨饿，当然，其他好东西也不能缺。”

这时，有人叫我们在一个大铁栅栏处停下，于是我又一次鼓起勇气，涉险过关。大家都停下来了，我也不能落后啊。我将自行车稍稍一歪，右腿跨过车身，左脚还踩在脚踏板上，同时轻轻捏闸，直到停了下来。没人注意到此时我已经吓出一身汗来了。

“我们到了莫愁湖公园了。关于‘莫愁湖’这个名字的来历有一个特别感人的传说，我现在就讲给你听。”另外一个学生五星对我说。

很久很久以前，有一位美丽的姑娘，大家都赞扬她的勤劳善良。她采草药给病人治病，省吃俭用接济街坊四邻，会织布、养蚕，歌也唱得好听。然而，她总是郁郁寡欢的样子。原来，姑娘的父亲曾是朝廷的一个大官，后来遭人毁谤，死的时候家徒四壁，这个可怜的女孩儿只得卖身葬父。另外一个有钱的官员很同情这个孤女，就将她买回家做佣人。

一天，这个姑娘不小心遗落了一把珍藏的荷花扇，大官的儿子捡到了这把扇子，将她还给了姑娘。两人就这样相识相爱了，悲剧也由此开始了。大官在很久以前就已经替儿子定下一门亲事，让他迎娶一位家庭富有、门当户对的姑娘。这位公子被迫成婚后就病倒了，陷入了深深的痛苦中。一天，他的妻子听到了丈夫梦中的呓语，他在呼唤莫愁那一双美丽的眼睛。“莫愁”是他给心中那个魂牵梦系的姑娘所起的名字，为了抚平她的忧伤。

善妒的妻子于是想到一条毒计，她告诉大夫，他丈夫的病只有吃了莫愁的眼睛才能医好。善良的莫愁知道后，毅然挖出了自己的眼睛，然后自缢在家中的荷花池里。而深爱她的年轻公子后来也随她自尽了。如今，在被围墙圈起的一个小池塘中心，有一尊洁白美丽的莫愁姑娘的塑像，向我们讲述着这个哀婉动人的传说。我们走去欣赏那美丽的塑像，中国人骨子里的一种浪漫情怀促使他们借由这城市一隅来纪念这段凄美的爱情悲剧。

“你为什么叫五星呢？难道和某个酒店或是那个著名的啤酒品牌有关系？”我又问另外一个学生。

“哈哈哈，”他笑着说，“原因是这样的，我在家中排行老大。我的父亲想用一句大家耳熟能详的歌词来给孩子们取名。所以我就叫‘五星’了，几个弟妹的名字分别是‘红旗’、‘迎风’和‘飘扬’。你看，我们的名字起的不错吧？”

我们边走边欣赏着周围的美景，不知不觉就来到了湖边。湖面覆盖着翠绿的叶子，一朵朵深粉色的荷花从这绿海中伸出头来，多么强烈而又和谐的色彩对比呀。顶出水面的叶片仿佛一把把小扇，而浮在水面的叶片悠闲地小憩着。我被湖中心一片大叶子上的两滴水珠吸引了，它们仿佛两颗晶莹剔透的珍珠，湖面轻轻摇动，两颗珍珠从两端缓缓靠近，终于结合了在一起。我想起了刚才听到的那段动人的传说，湖面又一次轻轻摇动，这颗珍珠般的水滴轻巧地跃入了湖中，那香消玉殒的一对年轻人立时浮现在我眼前。

“此情此景让我想起了一首诗，”小还清脆俏皮的声音打破了宁静的氛围，“《采莲曲》，这是我高中时学过的，我试着翻译给你听。”

荷叶罗裙一色裁，芙蓉向脸两边开。

乱入池中看不见，闻歌始觉有人来。

“我也知道一首很美的诗呢，”我们这群人中最后一个到现在为止才开腔的学生说道，“但是，我现在只记得大意了：盛夏时分，

莫愁雕塑

和现在一样的季节，荷叶繁盛，将整个水面都盖住了。一只水蜘蛛在荷叶上爬过，连脚都没沾湿。”听到这里，我真想看看这首诗的原文究竟有多么美。

除了这片种植荷花的大湖，公园里还有不少值得欣赏参观的亭台楼榭，其中一处两层大窗的小楼就是“胜棋楼”了。这个棋并不是我们所熟悉的国际象棋，而是中国的围棋，在日语中叫 igo（囲碁）。围棋是两个人在一张棋牌上对弈的游戏。规则不难，双方轮流下子，最终谁在棋盘上围住的地盘大就谁就获胜。

胜棋楼的传说大约发生在明朝（1368–1644）初年的都城南京。明太祖朱元璋性情残暴又酷爱下围棋，经常和当朝一名重臣，也是弈林高手下棋。当然，每次二人对弈，大臣总是输给皇帝。朱元璋听到大家对此议论纷纷，便叫大臣来莫愁湖边下棋，一决胜负。

棋局开始前，朱元璋就命令大臣要赢他才行。大臣很为难：如果赢了吧，就冒犯了皇帝，如果不赢吧，又是抗旨不尊。这盘棋下了将近三个时辰，终于皇帝胜局在望，他勃然大怒道：“你怎么敢违抗我的命令？”岂料大臣回答说：“陛下，臣不敢抗旨，这盘棋我没有输。”朱元璋疑惑地看着他，于是大臣解释道：“您的白子都落在我事先算好的位置上，陛下请细观棋局。”

朱元璋凝神细瞧，发现棋盘上的黑子摆成了“万岁”二字。朱元璋转怒为喜，为了嘉奖大臣的聪明才智，他索性将“胜棋楼”赐给了对手，而楼内至今还挂着大臣的肖像。炎夏里从这座楼上便可眺望莫愁湖中荷花盛开的美景。

游览结束了，我问刚刚复述诗词的那个学生：“听说你喜欢诗是吗？”

“是的，但是我记性不太好。只记得诗的大意了，原句都记不住了……”

“能告诉我你的名字吗？”

“我叫左右。你大概已经知道了，汉语中不像西语那样需要区分这两个字的阴阳性。”

“对，这我已经了解了。但是你为什么叫这个名字呢？”

“这我自己也不清楚，我也没想过问父母。似乎和道家思想有些关系吧。‘左右’应该是取中、和谐、平衡一类的意思。中国人起名字一般都忌讳和别人的重名。尤其是我的姓太普通，姓‘张’，全国有上千万人姓张呢。”

十几亿人口，这个数字着实庞大得令人难以想象。在这庞大的人群中我有机会去认识了解的能有多少？而与我仅有一面之缘的人在其中所占的比例又有多少呢？

我发现，自我来到中国后，头脑中的问号越来越多了。

美　玉

"你好！"

"……？"

"你好！"

"什么意思？你想对我说什么？"

鹤林深吸了一口气，哈哈大笑，对我说："你的第二堂中文课呀。还想上吗？"

"当然想上！但是你先给我介绍一下你的家人吧。"

"这是我的妻子。她叫民，人民的民，我想你已经认识她了。"

"是的。我们在西班牙语系里见过，但我不知道她是你的妻子。看到你们两人都是老师，还能在一起工作，真好啊！小民，很高兴见到你！"

“我也很高兴见到你！”小民笑着点点头，向我伸出了手。

“这两个可爱的小姑娘是？”

“是我们的女儿，能看出来是双胞胎吧？这个叫涛涛，那个叫花花，合起来是两朵浪花的意思。”

“你好！”两个小女孩拉着我的手说。

“这一对宝贝可真像一个模子里刻出来的呀！怎么区分她们俩呢？”

“只有叫她们的名字了，这是唯一的办法。”

大家都笑了，小姐妹俩虽然听不懂我们在聊什么也跟着笑了。

鹤林家的客厅地方不大，简单朴素。书柜里放满了书、本、纸张。整个房间书香气十足，布置大方，井井有条。厅里有一些装饰品可以看出主人曾在墨西哥呆过。

“鹤林，我刚才进来时你对我说的那句话是什么意思？”

“意思很简单。这是打招呼的常用语。两个字组成：‘你’和‘好’。‘你’变成复数就是‘你们’，加一个‘们’字就可以了，我记得上次告诉过你了。”“对，我还没忘呢。”我一边回答，一边把这个有意思的信息记在随身带的小本上。

两个孩子去写她们的家庭作业了。小民给我们俩各泡了一杯热腾腾的茶，她把两杯茶的盖子盖好，对我说：“你来尝尝，这是龙井茶，也是我们最爱喝的茶。希望你也喜欢。”“绿茶和其他的茶叶有什么区别？”我问小民。“绿茶是经日光晒干和其他几道工艺制成的，而红茶和黑茶需要在高温潮湿的发酵室里发酵。茶的品种很多，如有半发酵茶、烟熏茶、加了茉莉花瓣的芳香茶等。根据茶叶叶片的大小、形状不同，味道不同，名字也不相同。慢慢地你就会品出它们的区别来了。”

“听起来小民是这方面的专家啊。”我说。

“没有，没有……”

此时鹤林插话了：“小民对我们国家的一些传统文化非常了解。

你要是对什么好奇想知道，就来找我们这本‘家庭字典’吧，一定不会失望的！”

“嗯，我一定请教。”

我们仿佛老朋友一般，相处随意自在。聊了会天后，我起身去看两姐妹写作业。她们正全神贯注地用竹子制成的毛笔写大字。

“她们写的是‘玉米’这个词，”小民对我说：“这个词由两个字组成，第一个字是玉石的‘玉’，第二个字是大米的‘米’。汉语中的意思就是‘玉石般的米粒’。”

“她们俩多大了？”

“快满八岁了。”

“每周都要练字吗？”

“每天都要写，而且接下来的几年都要努力地练字。你别忘了，她们要学习四千多个字呢，每个字的写法还有许多种，不仅有印刷体、手写体，还有书法字体。”

“那成人如果从零起点开始学习，什么时候才能算是脱离文盲状态了呢？需要掌握正好四千个字以后吗？”

“就算学习了四千个字也不见得就能应付日常生活。你大概听说过《康熙字典》这部辞书吧，这是奉康熙皇帝圣旨编纂的一部大字典，其中收录了四万多个汉字。我觉得一个人要是能看懂报纸上的新闻或是路上的指示牌，这些生活中的常用词汇也不能算是有文化吧。学无止境啊，而且不同的领域中总有门外汉不认识的专业词汇。”

“这需要多么大的耐心和恒心啊！”

“是的，也许正因为如此，我们的文化中有关恒心与毅力的传说和故事特别多。”

据说大诗人李白幼年时一点也不喜欢读书写字，总是逃学去和小伙伴们玩耍。一天他在野外闲逛，忽然看见一位老婆婆正在一块石头上磨一根粗粗的铁棒。“老婆婆，您在做什么呢？”李白走上前问。“我在用铁棒来磨一根针啊。”“这么粗的棒子能磨成一根细细的针？”老婆婆回答：“只要我坚持磨，这棒子就会一点一点，越变越细，总有一天会磨成我想要的一根针的。”

李白听了，恍然大悟，对呀！只要坚持去做，再难的事情也能做成功的。从此以后李白便不再偷懒，发奋读书，最终成为了著名的大诗人。

“我要把这个故事的启示运用到自己学习中国文化和汉语的过程中去。”我说。“别忘了，你还要有耐心。”小民说，“有一个小故事讲的就是一个农民想让他地里的禾苗长得快些，就每天将禾苗往上拔，结果他的庄稼都枯萎了。我觉得关键在于抓住每个学习的机会，多看勤问，什么都问。”

“既然你说到勤问，那我现在就照你说的做，我有个问题。”

“你问吧。”

“你刚才说到‘玉石做的米粒’就是‘玉米’。我听说过道教中的玉皇大帝、玉玺、玉镯还有其他玉石饰品。你能给我讲讲中国文化当中的玉吗？”

小民明显很满意我提的问题，她就这个题目讲了起来：“玉石在中国又被称作‘上天之石’，自六千多年前就成为了中国传统文化的一部分。几个世纪以来，它从中国最西端遥远的昆仑山脉，塔克拉玛干沙漠南缘，千里迢迢进入了中原王室。”

玉玺

玉根据质地可分为两种：一种抛光后色深且具有油脂光泽；另外一种叫做硬玉，色泽更晶莹剔透，介于白色和青苹果色之间，抛光后带有明亮的玻璃光泽。最纯的玉是白色的，因为有了杂质才呈现出绿色、黄色、红色甚至是黑色。而中国古人最推崇的是乳白色的羊脂玉和翡翠玉。

玉的硬度比钢还高，需要用金刚钻来加工，经得起精雕细琢，因而玉器工艺品广受欢迎。玉石雕刻家会利用玉石颜色本身的变化来设计合适的造型：白玉托盘上盛放着一棵翠绿的白菜，菜叶上还停着一只昆虫，这正是利用了一块玉石呈现的三种颜色设计雕刻的。

人们认为玉石能带来幸运与财富。许多女性终身佩戴玉器作为护身符。玉石的价值是由硬度（可分为九个等级）、颜色、纯度和透明度等因素决定的。色浓，无瑕疵、无裂痕，透明度高的玉为上品。

在北京的故宫博物院中有一座约四米高的玉山，三个人合抱都抱不过来。玉山以四千年前大禹开渠治水的传说为题材，雕刻有崇山峻岭、古木森森、有人在凿石、有人在扛树……此外，还刻有宝玺和一首御诗。这块重达六吨的玉料由千名役夫，多匹马拉着车，花了三年时间才从新疆运抵京城。在乾隆皇帝的授意下，匠师们花费七年时间才最终雕刻完成。

“那再来说说你们的女儿是如何学写字的吧，她们是学习完整的词组呢，还是将词拆成单字来学？”

“两种方式都有。笔画复杂的汉字是单独学的，有的多达 32 笔呢。但是她们也经常学写完整的词组。你看她们的作业本，看看这里。”

“看起来真难写啊！”

“你要是知道组成汉字的偏旁部首就没那么难学了。每个偏旁部首，也就是笔画组合，都有自己的名称和意义。比如刚刚写的这个‘苗’字，意思是幼芽。上半部分共有三笔，是个草字头。下半部分是个矩形，中间是个十字，象征着耕田。她们还有抄写完整词汇的练习，比如抄写俗语、成语，这些在汉语中十分常见。这几页上有一些，你往下看。”

针眼大的窟窿，斗大的风。

祸从口出，病从口入。

日有所思，夜有所梦。

有理不在声高。

桃李不言，下自成蹊。

朽木不雕。

“说到这个话题，”鹤林在一旁接过话茬说，“我突然想到一段有关家教与孝心的传说，也许你会感兴趣。”

司马谈是公元前二世纪著名的史学家。他撰写的史辑被后世史学家视作范本。天下闻名的《史记》正是由他发凡起例的史学巨著。司马谈的儿子司马迁后来接替了父亲在朝中太史令的职位，但不幸的是他惹恼了当朝皇帝汉武帝。武帝怪罪他的好友——边关一名将领投降匈奴。司马迁基于战报和事实，毅然挺身为朋友辩护，说他是被俘而不是投降。然而不久，他就被判处自愿接受宫刑，这也是变相的自杀刑法。司马迁是个非常有孝心的人，一心要继承父亲的遗志，完成《史记》的写作，因此，他接受了宫刑，忍辱负重地活了下来。他虽没有为父亲绵延子嗣，却最终完成了父亲的遗愿。

《史记》的最后一篇中引用了司马谈所作的文章，儿子用父亲的文章为前面所著内容收尾，这也是在为父亲尽孝道：这部史学巨著是属于父亲的，由父亲始作，也应由父亲收尾。这篇文章将当时的各种思想流派归类划分为六家，即：阴阳、儒、墨、名、法和道德六家，并对各家给予论述评价，指出各家流派看似深奥、复杂、众说纷纭，实则简明异常，由此肯定了道家的“虚无”观。

此时，小民插话了：“鹤林讲的时候，我也想起了自己小时候看的一些与孝心有关的故事。”小民说的这些故事汇编在一本名为《二十四孝》的传统故事集中。这也是中国的小孩子要学的四本书之一。

比如有个故事说，三国时期的一位少年自幼丧父，母亲病重，想喝鲜笋汤。此时正值隆冬时节，少年无计可施，抱着冰冷的竹子痛哭起来。上苍被他的孝心感动了，地上长出许多嫩笋。少年于是采笋做汤，母亲喝了汤后病就好了。

有一位母亲生性怕雷，她去世之后，儿子将她埋葬在山林中，每当听到雷声大作，他便跑去母亲坟前，跪拜安慰说：“孩儿在这里，母亲不要怕。”

一位少年家境贫寒，父亲死后他唯有卖身为奴，为父亲安葬，天帝也被他的孝心感动了。于是在他上工路上，一位仙女化作人形，自愿伴他去地主家做工，并织好三百匹的细绢为他赎身。两人后来结成了夫妻。

还有一位年轻人，极其孝顺父母，尽拣美味供奉双亲。为博父母开怀，常穿着五色彩衣，摔倒时也假装小孩子躺在地上啼哭，惹二老抚掌大笑。

除了这本讲“孝道”的书，孩子们需要学习的书还有:《百家姓》《千字文》和《三字经》。《三字经》中传承了孔子倡导的道德思想，三字一句。人们用《三字经》来教小孩子写字并传授给他们传统的社会行为规范。

“书香门第的人家都会教孩子学习这些书中讲的规矩道理。”鹤林接着补充说,“十七世纪出现的教子治家的经典名篇《朱子家训》在中国家喻户晓，其中的名言警句不仅被皇室、官宦人家奉为座右铭，连不识字的老百姓家都在口头传训，这篇《家训》的内容包括：尊敬长辈、邻里和睦、教子有方。乃使大家守住本分，努力工作，社会安定。”

“现在，街坊四邻会投票选出模范家庭，这些家庭会得到一张印有五颗星星的奖状。这五颗星星分别象征着夫妻和睦、孝顺老人、教子有方、邻里团结和勤俭持家。”小民说。

大家都没把我当外人看，我于是立刻起身去找这张奖状，发现它就贴在大门背面正上方。“就在这里呀！上面有五颗五角星、红旗、国徽、还有中国字。你们肯定是模范家庭！没见到证书前我就知道了。”

夫妻俩开心地笑了，孪生姐妹俩也好奇地望着我们笑了。小民又说：“谈到孩子与家里的装饰，中国民间画中有一种吉祥画叫‘百子图’，画中有一百个形态各异的孩子在嬉闹玩耍，它象征着子孙兴旺、和谐幸福。过去，如果家中生男孩，通常在门口悬挂弓箭。如果生的是女孩则挂上一根树枝。生孩子总是一件喜事，这表明对得起列祖列宗。为新生儿辟邪消灾的传统方法有很多，比如给孩子脖子上挂上精致的刺绣福袋，图案有花朵的、小动物的，还有道教符号的，有的是带有香味的香囊，有的可以驱蚊虫。”

“现在的孩子仿佛处在一个倒置金字塔形的塔尖位置，上面有四位祖父母和爸爸妈妈宠爱着，这些独生子就成了家中的小皇帝……”

有人敲门了，鹤林起身去开门。我们所有人，包括小姐妹俩都好奇地盯着门口。

进来的是两个年轻人，体格相当结实。面庞很宽很圆，头发乌黑，肤色白里透红。大家一阵寒暄，拥抱，相互介绍。

“这位是哥哥，叫阿德扎。这位是弟弟，叫阿木斯兰金，他们俩是蒙古族人，来南京有一段时间了。”鹤林对我说。“你们好！”我对他俩说。这两兄弟没想到我会说中文，非常惊喜，他们热情地一人攥起我一只手，摇了很长时间，似乎在向我展示他们日常练习的某种运动的显著成效。“你好！你好！”他们一遍又一遍地对我重复着，脸上洋溢的笑容使得两人的脸型看上去更圆了。

接着一连串的中文不断从他们的嘴巴里蹦出，这兄弟俩大概以为我除了会说“你好”之外，汉语水平也和他们一样能跟得上天气预报的速度吧。鹤林忍不住大笑了起来。随后，他止住了笑，向两人介绍了我的情况，我猜是这样的。他们交谈了几分钟，我什么也听不懂，除了他们不断重复的“好”“好”外。大家坐了下来，我注意到小民已不失时机地为两位新来的客人泡好了香茶。

鹤林的介绍澄清了我的疑惑：“他俩也是双胞胎兄弟，两人都有厨师资格证。正巧大家碰在一起了，我想你可以帮助他们。”

“十分荣幸，是什么事情呢？”我问。

“他们有个舅舅在波哥大开中餐馆，邀请他俩过去帮忙。他们正准备出国，要用西班牙语准备许多材料。”

“请告诉他们，我很乐意帮忙。”

听了鹤林的翻译，两兄弟又一次试图摇晃我的手和手臂，表达他们的感激之情。我则尽力想抵御住这番剧烈的摇晃，最后大家都笑了。

余下的时间我们自然过得相关愉快。蒙古兄弟已经有了西班牙语名字：米盖尔和拉斐尔，这是鹤林为他们挑的名字。然而他们初学西语，成效并不高。他们告诉我一些厨房里的秘籍，询问了他们即将会面对的新的生活习惯，还讲了许多趣闻轶事。鹤林和我答应他们两天内翻译完他们出国所急需的文件。大家道别的时候，双胞胎姐妹已在隔壁的房间睡下了。这对双胞胎兄弟低声哼唱着一首我没有听过的草原牧民的曲调走远了。

蒙古，蒙古，我在心中念叨着，这个奇特的字眼令人充满了无限遐想。有一天我也会去那里吗？怎么去呢？又会是和谁一起呢？

八卦

几天之后，在学校里下了课后，我又碰到了小民，她也刚下课。“你好吗？”她跟我打招呼。

“你好！”我回答。

“我看你有些没精打采的。是不是有什么不舒服？”她问。

“我有支气管炎。”

“经常发作吗？”

“几乎每年都会发作一次，尤其是碰到像现在这样潮湿的天气。”

小民听了说：“你或许可以尝试一下中药。我看你应该试试。”

“怎么试呢？”我问道。

“我建议咱们一起去次南京西边的海军医院，那里是治疗支气管炎的特色医院。”

“那太好了！”我说。

然后小民建议我们利用两节课间半小时休息的时间到教师活动室仔细聊一聊。我问她，在接受中医治疗前有什么需要了解的吗？什么都不需要特别学习，小民告诉我，只要听医生的就好了。当然，中医理论也是很有意思的。

一切中医理论的基础是阴阳学说，阴阳这种说法来自《易经》，是观察与分析宇宙的学说。自然界和人类生活的方方面面都可以从阴阳两方面去考察。“阴”代表夜晚、月亮、寒冷、安静、下行、阴影与大地，而阳代表白天、太阳、炙热、运动、上行、光明与天空。

在某种条件下，阴与阳可以相互转化。某一现象又可再无限地分为阴阳两面。比如，白昼是阳，但也可再分为阳中之阳，即上午，下午是阳中之阴，因为阴阳变化在这一阶段已经开始了。同样地，上半夜是阴中之阴，下半夜是阴中之阳。

阴阳气质相克，同时又相互依存，是对立统一的关系。两者相互斗争，此消彼长，比如，热与寒就是相互排斥的。生病可以看做是人体内部“阴阳失调”，破坏了机体的平衡。

“气”是宇宙运行的生气，可分为上气、中气和下气。这一概念包含在著名的“太极图”中。这张图被一条S型曲线分为两部分。右边部分色深，有一个白点，左半部分色浅有一个黑点。浅色部分即是阴，而黑点象征着它转变的力量，转到它的对立面去。太极图的圆圈即代表对立统一。

气是维持一切生命活动、生物组织机体运行的最基本的物质，能够保持体温，抵御致病因素，固摄调节精气，协调器官组织的运行与变化。气运行在身体的经络中，“经”即贯穿上下的主干，“络”是横向分出的辅路，存在于机体的表面，经络纵横交贯，将各个器官与组织联成一个有机的整体。这些知识与气功、针灸、按摩以及解剖学都有关系。

针灸疗法是在人体经络之气输注体表的特殊位置上进行治疗。这些部位被称作穴位，也就是“脉气所发”。通过针灸刺激、调节人体的气以达到预防或治疗疾病的目的。传说古时候有位在战场上受伤的将军躲在一片灌木丛中，一根刺扎进了他的身体里，但他伤口的剧痛却消失了，这大概就是中医理论的起源了。

我们聊完后又过了两天，小民打电话跟我说已安排好了去海军医院的事。我们按照指定时间到了医院。科室的主任，几个医师和护士接待了我们。他们非常热情，给我们端来了茶。聊了一会之后，他们给我查了血，然后将我带到一扇屏风后面，用一台之前我从未见过的仪器给我做检查。那是个插着电的金属盒子，前面标着数字，带有两根导线。一位护士将带有夹子的导线一头夹在我的手腕上，另一根导线的一头是根探测笔，护士用这支笔在我耳朵上的一些精确点上依次点过。我看不到金属盒子里发生了什么，只听见护士向负责记录的人报数说，肝：72，肾：96，心：80。

与此同时，小民间或给我做着翻译，医生们解释说这是了解各个脏腑气血运行状况的一种方法。检查的结果是我除了支气管有感染，身体其他部位都没问题。之后，我们又去了另外一个房间，比前面这间要暖和得多。我听从吩咐把上衣脱去。骑跨在一把椅子上，胸部贴在椅背上。一位医师在我后背的八个点上注射了麻药，他对我说这样的手术他们平均每天会做三百多例呢。接着他用尺子给我量了双乳间的距离，接着让我面朝下趴在手术台上。

小民给我讲了之后我看不到的情形：医生又用尺子在我的后背上测量了数据，标下了八个点，开始给我埋线。埋线结束后，手术的部位被敷上了纱布。我重新穿好了衣服就准备告别了。临走前，医生们很和气地交给我刚写好的医嘱，小民老师之后会翻译给我听。

在回程的出租车上，小民给我讲起了针灸：“他们给你埋线的八个点，就是八卦的八个方位，这几个点不在经脉上。人体共用十四条经脉，也就是真气运行的通道，和 361 个经穴，也就是经络之气输注出入的位置。十四经体系外，具有特殊治疗作用的穴位又称经外奇穴。一些奇穴就分布在背部，你现在背部埋的线会产生持续刺激穴位的效果，可以提高机体功能，更好地抵御疾病。你会逐渐体会到治疗所带来的成效的，如果你愿意，还可以告诉医院你所感受到的变化。”

“最后一个问题，小民，耳朵和这些又有什么关系呢？他们刚才为什么用那个奇怪的仪器来检查耳朵呢？”

“很简单，因为全身重要的经络都从耳部通过。人的耳朵就像一个倒置的胎儿，耳垂的地方对应头部。在一些医院和医科学校中都会悬挂巨幅的人的内耳结构图。观察耳部可以检测出气血运行的情况，在耳部穴位使用耳针治疗是一种非常有效地针灸疗法。

不久前，一位针灸师只是简单看了一下我的耳朵，就发现我有肾结石，所以我腰疼得非常厉害，而我其实并没有对医生说起腰疼的事。好在几天之后结石就被排了出来。这个医师那里有一些病人排出的结石，都是经过几次耳针治疗后排出的，有一颗有黄豆大小呢。”

“在南京博物院中陈列着一尊两米多高的古代铜人像，铜人身上钻有所有的经络穴位。古时候用它来考察学生的针灸知识，在铜人表面涂一层蜡把穴位盖住，学生必须用针一次扎对考官说的穴位。”

中药、博物馆、塑像、学业、书籍、展柜、历史……人们生活的每一天都在展示着他们如百科全书般丰富的生活习俗与知识，他们宝贵的精神财富无时不刻不在闪耀着。这是由人、人的生活、人与人之间的沟通共同组成的文化宝藏。

幸福的基础

春节这天终于到来了，有几件新鲜事。头一件，春节的到来却看不出天气有什么变化，气温还和冬天里一样，甚至更冷了。寒风、浓雾、冰天雪地，一样不少。但是阴历里说这是一个特殊的日子——新年的第一天，错不了。

第二件新鲜事，假期开始了，尽管还穿着棉靴、戴着皮帽、手套，气温尚在零度以下，但假期总是受人欢迎的。何况还有集市、美食、庆祝活动。串门的习俗也令我感到很新鲜。过节的这几天，大家都在互相串门，亲戚、朋友、领导、熟人、同事、同学，浩浩荡荡地从城市一头去到另一头给彼此带去祈愿与祝福。

来我家拜年的朋友中多了一位陌生人。中等身材，头发花白，戴着厚厚的眼镜片，非常和善。他拉起我的手，用中文说了许多我听不懂的东西。我们西语系的倪老师和赵老师陪同他一起过来，给我们充当翻译。看上去两人很高兴能陪他一起来。他是我们大学的五个副校长之一。我姓徐，他对我说。我尝试着这个姓的发音，几番努力之后，终于取得了让大家满意的效果。

“徐是您的姓，那您的名字是？”

“我叫福基，意思是幸福的基础。”

我和老徐似乎一见面就很投缘。用倪老师和赵老师的话来说就是一见如故。而且我注意到，所有来我这串门的人，一见到老徐都特别高兴。我们聊着聊着，发现彼此年龄相当，他只比我大五天。老徐似乎努力想帮我在中文上更进一步，他教我叫他兄弟，他后来也是这样叫我的。学会说兄弟！这个词非常有用。通过他的解释，我发现汉语的亲属称谓词真是太庞杂了。可以用九十多个词来精确表达亲属关系，这些称谓上不仅标明了父系和母系，还体现了长幼关系。我向老徐保证会一个一个地学习这些词，并用在具体的人身上。今天我只学说“哥哥”——岁数比我大，“弟弟”——岁数比我小。由此我发现汉语中兄弟这个概念总是包含着年龄上的长幼分别。

老徐还给我讲了汉语词汇的单音节化。汉语中有 40% 的词是双音节词，而将近 60% 的词都是单音节词。而在实际应用中，许多双音节词都会省掉一个音节。“自行车”这个三音节词可以直接用“车”来代替，大家都明白是在说什么。正是因为这种单音节化，汉语文章译成其他语言后总会比原文要长。

汉字的书写很复杂，一个汉字的笔画可能超过 40 笔之多。既不用大写，也不用黑体来与其他汉字区分。为了简化汉字读写，1919 年起开始使用标点符号，1958 年简化 50 余个汉字偏旁，500 多个繁体字，约有 1700 多个字的写法发生了变化，而在古代只有皇帝才有权改变字的写法。从 1955 年起汉字改为从左至右，横向书写，但书法书写除外。

书法书写的格式是从上到下，从右至左书写，没有标点，但有不同的字体。学习书法要靠长年练习和临摹名家字帖。学会阅读需要掌握至少三千字，阅读文学或专业文章还需再多掌握两千字，一套印刷用的字模有七千个汉字，还可另铸新字。新词、新字的学习可能伴随一生。一些外来词和技术词汇往往是通过意译引入的，比如“电话”“打字机”等。一些地名、人名则是从外文音译，比如：“巴西”“委内瑞拉”“西班牙”。

“你这个习惯真好！”老徐看着我的记事本好奇又和蔼地说，“把学到的东西都记下来，对你的记忆大有好处。啊，你写了玉米、双胞胎、蒙古、不客气……看来你学习的劲头不小啊！从现在开始，每次我们见面，我都教给你点新知识。坚持下去，总有一天我们再交流就不需要翻译了，我相信一定会有那一天！”

“我们中国有句俗话：万丈高楼平地起。你要学习常用短语，尽量多和别人练习，即使说错也没关系，你一定会有进步的。”讲到这里他停了下来，问我，“这两天你有什么安排吗？”“目前为止没有任何安排。”我回答。“那就这样吧，明天我们一起去市里转转。雪后的景致特别美，你知道的。我们的朋友倪华迪也一起去，她当翻译。”“乐意奉陪。”倪老师笑着同意了。

老徐告辞的时候，倪老师对我说：“像老徐这么好的人真是难得一遇啊，在学校里几乎没有人比他更受大家尊敬了。”“这我一开始就感觉到了。我们学校能有这样好的领导真是一大幸事，他不像是领导，更像一位朋友。”“兄弟，他希望你这样叫他。”倪老师纠正我说。

第二天早上九点，老徐副校长和倪老师就坐着学校的车来了。“欢迎你们，老朋友！”我对他们说。老徐听到这句话的翻译后，特别高兴。他拉住我的手不停地摇（我已经发现了，这是表达友好的一种方式），还用中文说了一大段话。“你不用翻译校长的话了，”我对倪老师说，“虽然我听不懂，但我能从他的表情上体会出他想说什么。”

在车上，老徐对我讲起了永乐皇帝。1399年，永乐大帝从自己侄子的手中夺过皇位，登基称帝。关于他侄子的下落至今仍是个谜，坊间有许多传闻。有种说法是他从起火的皇宫中逃走了，漂泊了四十年之后到达了北京。一个太监见到他左腿上的一颗痣，认出了他，后来他在一座庙里隐居度过了余生。

永乐大帝组织编修了规模宏大的百科全书《永乐大典》，动用朝野上下近2200人，耗费了两年多时间编写，直至1407年才成书。全书超过3.5亿字，共22000卷，目录60卷。《永乐大典》有三部抄本，从未付诸印刷。其中两部毁于清军入关时的战火，还有一部在义和团运动中受到严重破坏。这部百科全书堪称世界文学史上的重要里程碑。

南京国子监是明朝的最高学府，建成于1381年，是当时世界上规模最大的高等学府，还有从日本、朝鲜和泰国来的留学生。

永乐皇帝曾遣使下西洋，这是航海史上的壮举，最远曾到达波斯湾、亚丁湾、红海和东非。

这时我们的车到了南京明故宫遗址，这里曾是明朝的都城，如今只剩下古木和石础。冬日的氛围又给这里的景观平添了几分萧杀。那已消失不见的宫城想必是极其美丽壮观的，它正是北京故宫的蓝本：一座宏伟的午门，西边是社稷坛，东边是太庙，琉璃瓦顶的宫殿，内外各五座汉白玉金水桥。然而这一切都荡然无存了。

历史有时就是这样，无论是多么辉煌的朝代也可能就像这样片瓦不剩。尽管除了记忆之外，确会留下些许不灭的印记。

我们第二站去了一处外观庄严的宫殿建筑，跟前有座石桥，还有一座三个门的大牌坊，就在当街口上。骑自行车的人从牌坊前穿过，在这幅画面中古老与现代，两个截然不同的时代在此汇聚、融合。

这里是明朝举行科举考试的地方——江南贡院。这是一座飞檐顶的三层楼建筑，墙上嵌着碑刻。这栋楼设在考试号舍的中心位置，方便监考。号舍共有2万余间，每间仅容一人，里面只有一张桌子

南京明故宫遗址

和一张椅子。考试要持续三天三夜，因此时常会有意外、不幸甚至死亡的情况发生。

科举考试是为国家选拔官吏的制度，一些人甚至七老八十了还在努力想要通过考试，而最终取得的头衔大概只能是勉强补偿这种持之以恒罢了。长期以来科举考试中不允许表达个人的观点，考生只是在机械地在背诵默写儒家经典著作四书五经中的内容。

形容科举考试中举的考生有一个很有意思的说法，传说黄河中的鲤鱼奋力跳过龙门的激流，就会一步登天，变成天上的飞龙。这一说法充分说明了科举考试的难度，以及一旦成功后的飞黄腾达。

科举制度起始于公元前二世纪的汉朝，一直延续至十九世纪末。每年约有二百万考生，却只有百分之一到二能通过考试。考试制度随时代更迭而变化，最终确立了三级考试。第一级考试是为了成为监生，到官办的学校读书，免交赋税。第二级考试是在各省举行的考试，考中称举人，可以做个小官，穿上官袍。第三级考试是在京城举行会试，考中称贡士，前途就光明了，甚至可以入朝做官。贡士年龄约在 24 至 35 岁。古代官吏最大的美德是勤勉无私、办事公道，至少在唐朝时是这样的。

“我带你去一家新餐馆吃饭吧，”老徐搓着手说，“你会喜欢的。”此时，太阳出来了，景色会很美。我们穿过绿树成荫、车水马龙的大街、鼓楼广场，在市中心附近的一座小山脚下停了下来。能看到山门、石阶，一片小树林后面是山上的宝刹佛塔，这里便是鸡鸣寺了。似乎元代时山下是处决犯人的刑场，于是明初在这里重建寺院，以度幽灵。但我们现在感兴趣的不是这段历史。

冬日的阳光耀眼而温和，穿透了阴霾。在山林掩映间，一片大湖从我们的脚下静静地铺开，湖中还有几个岛洲。湖的尽头便是紫金山了。三国时著名的谋士诸葛亮见此山巍峨，不禁将它比做蜿蜒蟠伏的蛟龙，将石头山比作猛虎雄踞。

我们进了一家能欣赏到湖景的餐厅，坐下之后，老徐告诉我这顿饭是素斋，因为和尚是不吃肉的。我记得点了玫瑰甜酒、菌菇汤面、马蹄、笋尖，还有糖醋鱼和肉卷，后面两样是豆腐做的，然而外形、口感和味道居然和真的肉食味道非常近似。

中国人从来不在吃饭的时候喝茶，只在白天饭前或饭后喝。如果喝酒的话，无论是喝白酒、葡萄酒或是啤酒，米饭都是最后上，因为就酒吃菜更香。

在《吕氏春秋》中曾有一篇讲到一名庖厨对商汤王说：味道的根本在于水。酸、甜、苦、辣、咸五味和水、木、火三材都决定了味道，味道烧煮九次变九次，火很关键。调和味道离不开甘、酸、苦、辛、咸。先用什么后用什么，用多用少全根据自己的口味来将这些调料配合在一起。至于说锅中的变化，那就非常精妙细微，就仿佛射箭、驾车的技巧一般，也如同阴阳变化与四时运行的过程，不是凭语言能说明白的。

“啊！今天我差点忘了教你说中文了，你就没法进步了。我们来学说一个新词吧：‘吃饭’。这个词可非常重要，尤其是当你一个人在外旅行的时候。”

“那如果想夸奖饭做得好吃，我应该怎么说呢？”

“很简单。用你已经学过的两个词：‘好’和‘吃’，连在一起就是‘好吃’。”

就在我重复练习这个新词的时候，一个服务员刚巧走了过来，听到了我们的对话，笑着说了句什么。

“她在说什么？”我问。

“她说谢谢！”倪老师为我翻译。

“啊，这个词怎么发音？”

“‘谢谢’，非常好学。”

“谢谢，好吃！”我对刚刚走过来的那个服务员说。哦，太棒了！她似乎明白了我的意思。

下午稍事休息之后，我们又去了一处有意思的地方：清凉山。这座美丽幽静的公园地处南京城的西面，曾是南唐帝王的避暑行宫。虽说这里还在南京城墙的环抱内，却也摆脱了都市的喧嚣。登上了石阶和一段陡峭的山路，我们来到了山顶。从这里向山下眺望，一侧是美丽的湖景，另一侧则是绿荫覆盖的南京城。

在一个亭子里，一群人围坐在一起聊天。有三个小女孩在各自玩着一件什么玩具，我一眼看上去并不认得。仔细观察之后，发现那是一撮羽毛，插在一个小小的底座上。三个小姑娘迅速而准确地将这奇怪的玩具向上踢，用脚尖、脚背、脚后跟，不断地向上踢，竭力不让它落在地上。这需要她们琢磨每一次踢的速度、踢多高、接的角度以及再一次往上踢的方向。其中一个女孩技术高超，竟然连续踢了五分钟，我们都看呆了，这真像是杂技舞蹈一般的表演啊！周围爆发出一阵笑声和欢呼声，孩子们的假期过得真是惬意呀！

穿过几个亭台、花园和假山，我们去参观了一个传统艺术展。我好奇地问起一幅画上的几个人物。“这幅画画的是‘八仙过海’。

传说这八位仙人每人都有一样特别的法宝渡海：有人用杖，有人用剑，还有人用扇。背着葫芦的仙人被称‘药王’，葫芦里面装的是灵丹妙药。手托桃子的仙人能赐人长寿。还有吹着笛子、骑着凤凰的仙人。”

八仙传说中有一段是这样讲的：八仙中原本只有七位仙人，还缺一位。当朝皇后有两个弟弟，小的因为作恶多端被处死了，而他的哥哥对弟弟的行为非常不齿，跑到山中做了隐士。一日，两个仙人前去拜访他，问他：“你闲居在此做什么？”“我在修道。”“那道在哪里？”他指着自己的胸口回答：“心即天，天即道。”于是他被两位仙人引入了仙班，成为了八仙中的最后一仙。

在隔壁一个厅内，我们看到了一幅单独展览的画，画中一个人手持扫帚在扫落叶。“这个人叫龚贤，是‘金陵八大家’中的著名山水画家，金陵是南京城的旧称。龚贤不仅是画家，还著有诗集《香草堂集》和阐释其绘画理论的散文集。

龚贤后半生居住的这个宅子人称‘扫叶楼’，关于这个名字有不同的解释，有说因为这里挂着他的自画像，就是那个扫落叶的僧人。也有说这是对当时没落统治的控诉，落叶象征着统治者的种种弊端，秋天象征着清除掉这些腐败的落叶以净化世界。而扫叶僧，即是这幅画的作者，正在帮助秋天清理落叶。

出了公园我们又碰到刚才踢羽毛玩具的那几个女孩。她们一看到我们，就指着我微笑着说着什么。

“她们在说什么？”

“她们叫你外国人。”老徐告诉我。然后向我解释说：“我们这一地区的人种是很单一的，是不是外国人几乎一眼就能看出来，而且其他种族的外国游客也很少。”

最后一站我们去了南京博物院，见到了小民提到的针灸铜人。我们还看到了用玉片和金丝制作的古代帝王的殓服金缕玉衣、古代刀具、陶器、瓷器、塑像以及唐朝著名书画家王维的水墨作品。看了他的画，我不禁冒出了一个问题："中国人是什么时候开始使用油画颜料的？"

"这是有史料记载的。十八世纪初，生于意大利米兰的传教士郎世宁（原名朱塞佩 · 加斯底里奥内）应康熙帝之邀进京传授西洋油画的画法，他同时还学习了中国国画的技法。郎世宁的老师是意大利著名画家柯勒乔和卡拉瓦乔。这位意大利画家曾是中国三位皇帝的宫廷画师。他画过《百骏图》、各种动物、植物以及大量人物画像，还曾为香妃作画。"

传说乾隆平定回疆叛乱后，俘获了美丽的和卓王妃，惊为天人，遂纳为香妃，对其宠爱有加。然而信奉伊斯兰教的香妃对皇帝并不顺从。为讨爱妃高兴，乾隆帝特意派人将宫中一座二层小楼改建为礼拜寺，并命郎世宁绘制新疆维吾尔族地区的风景画以慰香妃的思乡之情。一日趁皇帝出宫不在，皇太后召见香妃，问她如此倔强是作何打算？她回答：唯死而已。于是香妃被赐白绫自缢了。她死后乾隆皇帝悲伤不已，遂令郎世宁绘制了多幅香妃身着华服、姿势各异的画像。

郎世宁不仅是画家也是建筑大师，他主持设计了圆明园内的西洋楼和万春园，然而圆明园在 1860 年被英法联军一夜之间全部焚毁了。

临出博物院前，面对着一道高大的漆器屏风，老徐又给我讲了最后一段轶事。唐朝第一任皇帝的妻子还未许嫁的时候，她的父亲为她定制了一扇美丽的屏风，上面绘有两只孔雀。他宣布，谁有本事用两支箭分别射中这两只孔雀的眼睛，就将女儿嫁给谁。而最后胜出的小伙子后来竟然成了唐朝的开国皇帝。这段传说表明当时漆器制作的工艺已经非常考究，能禁得起利箭的冲击而不损坏；另外，使用弓箭是否娴熟也与一个国家的未来休戚相关。

春天的到来的确令我惊喜万分。纵然寒风、冰霜、飞雪依旧还在，人们的热情洋溢与文化修养却令我有如沐春风之感。

昨天下午，我去了附近的小卖店想买些信纸。进门后我想起了老徐的忠告：尽可能地多与别人交流，不管说的对错，你都会进步。于是我试着同店员说了三四个词，她似乎听懂了。我很高兴，这是我人生中第一次使用中文与别人对话。我告诉那个年轻姑娘，我想买十页信纸，随后我精心准备着下一句话。

好的，姑娘回答我，转身进里屋拿货了。我对自己的进步很满意，还在计算着买信纸要给多少钱的时候，店员抱着四瓶啤酒回来了。

文化俊逸

“从宋朝时起，画家就开始专攻一种题材，这样才能推陈出新，不断进益。虽然一些画家什么都画，到头来最擅长的也只是某一个题材，也就是他作品中最闪光的部分。”

“那您为什么选择了山水画呢？”

“受一位老师的影响，我从年轻时候起就立志要画山水，而且随着后来的不断进步，我从其中找到了令我兴奋、激动的东西。自然风景虽然没有承载太多的历史，但非常吸引人。山水画中的大自然是复杂而丰富多彩的：四季的更迭、光照与风的变化，这些都会带给人不一样的感受，也是我想通过作品传达出来的。要画出细微的变化需要学习技巧并不断创新。对我来说画山水一直是一种自我挑战。”

与我说话的这位先生叫张文俊。六十来岁，个子不高，头发花白，精力充沛。同我谈到他热爱的绘画事业时滔滔不绝。老张，张文俊，是南京艺术学院的教授。在学院的一间大厅里正在展出他的六十余幅作品，全部是山水画。着实是令人钦佩的作品展与艺术家！

在仔细欣赏了他的每一幅作品，其中不少是巨幅画作后，我萌生了一个绝妙的想法，去拜访这位画家，并且由一个优秀的翻译陪同我一起去，那个人就是老孙。

老张的言语间透露着大师的风范："我认为作画时最重要的是神，是气息。比方说，两个好久没见的老朋友碰在一起那自然是激动不已，彼此间有说不完的话。同样的道理，一个艺术家在欣赏美景的时候，他的心中已经唤起了最深沉的情感，他已难以克制自己迫切的表达欲望。在泰山的南天门前，李白曾诗兴大发。而我在四十九年的创作生涯中，也曾几十次地画过泰山。没有真情实感就无法创作出优秀的作品。这便是俗话说的：酒逢知己千杯少，话不投机半句多。"

"尊重美的事物，欣赏它们的独特之处，还要孜孜不倦地去寻找美、挖掘美，这样才能创作出打动人心、不同凡响的作品来。艺术创作须源于脑海，经过内心，才能由手中呈现出来。仅从绘画技巧上去欣赏一幅画是不够的，还应深入画面，发现其中蕴含的情感。

"松树不畏风雪严寒，四季常青，这象征着一种在困境中坚忍不拔的高贵品质。传说汉朝有位画家，一生命运多舛，九十岁高龄时画成一幅八米宽的《四柏图》，技法精妙，举世无双。一位好的画家在作画时必然会倾注真情实感，画家的个人经历和感触总会从其作品中微妙地传递出来。

"不同的艺术家处理同一个题材所传达出的感情及其程度都是不一样的，从某方面来说也是独一无二的。我曾经写过一篇文章叫《与画家并肩战斗》，我认为要欣赏一件艺术品的全貌就必须努力去深入挖掘它的美、它的含义以及它独特的情感。发现由美中传达出来的情感是最关键的，其他的具体含义则不是那么重要，虽然这些具体含义也许也会传递出这一情感的一些次要方面。

“艺术家的创造源于对大自然的加工。他对景致进行改造，打乱了次序，或简省、或增补。他可以把多种视角、不同维度的场景融入在一幅画中。风景画中往往使用空中视角来全方位展示各个角落，这样观众便可由细节到整体，欣赏到不同远近、各个层次的景象。一幅画作便是画家的心灵栖居之所，虚幻与现实交织的内心世界。

“技法的‘牢狱’是指进到‘牢里’后也能全身而退。一个风景画家并不是地理学家、地质学家或是地图绘制家，而是一名艺术家。他的艺术个性可以突破性地创造出新的绘画技法来。二十世纪著名画家齐白石大师就曾经说过：妙在似于不似之间。”

我们去了一个小厅，一边喝茶一边继续交谈，老张这时还取出了他的画具摆在桌上。我被他的动作吸引住了，没顾上仔细听他讲什么。只见他拿出了一方黑色扁平的大砚台、各种型号的毛笔和一块中国墨。老张告诉我，墨是用松木烧成烟灰作原料制成的。这块墨是黑色长条的，上面印有金色和红色的图案。接着他铺开一大张宣纸，摆好两块压纸用的石头镇纸，镇纸上也刻有图案。

他拿起墨块在注满水的砚台上打圈，一会便调出了需要的墨汁。然后他将宣纸纵向放置，用两块镇纸压住纸的两端。接着他挑出一支大号的毛笔，蘸好了墨汁，又笑着看了看我，仿佛在说这张画是为你准备的，随即就开始挥毫作画了。

只见洁白的画纸上方出现了四块粗大的不规则的墨点，笔触很有力。接着他用一支细笔，蘸着墨水，由这四块墨点起一直画到纸的下方，自上至下画出了六条连续的线，几乎是笔直的。随后，他将一管绿色的颜料挤了些出来与黑色的混在一起，又找了一支更小的笔，在这六条纵线条上点上墨绿色的点。我明白了，这是一棵柳树，现在他在画柳叶。

接着他又换了笔和颜色，将棕色和黑色调配在一起。在纸面的中下方出现了几道弯曲的短线条，那是一对小船，船上各坐着两三个人，怀抱着乐器。“天和水已经表现在画中了，无需再画了。”老张对我解释说。

最后，他为这幅画题了三个字：南春歌。落款写道：南京，张文俊，还有“指正”二字，意思是请批评指教，一种谦辞。这处题款如同又一条柳枝般悬挂在树干上。整幅作品在六分钟内便全部完成了。

我谢过他送给我这么珍贵的礼物，见他说起国画来这么高兴，便又大胆地问他为何画完之后要题上书法？

“书画同源，这不仅是指绘画和书法使用同样的工具：画笔、墨水、纸；中国绘画与中国书法关系密切，要成为画家也得精通书法，反之亦然。练习书法可以培养人的决断力、灵巧性、信心、细致以及运笔的灵活度。古代一个书法家通常也是诗人、音乐家、雕刻家、官员和画家。

“书法与大自然间存在着或远或近的联系，因此在评鉴大师的作品时往往采用与大自然相关的比喻，比如：翩若惊鸿、群鸿戏海、石破天惊、龙蛇飞舞、险崖峭石。曾有评论家盛赞公元四世纪时的名家王羲之的书法似龙跃天门、虎卧凤阙。这句话中的形象便取自大自然，老虎是王者霸气和定力的象征，而龙代表着灵动与生机勃勃，这两个形象生动传达出王羲之的书法作品中凝聚的神韵。

“此外，形容书法中的笔画潇洒俊逸，会说弯钩似浮鹅的脖颈，点似高峰坠石或鸟儿张开的翅膀；书法字体有的似美女簪花，有的似黑云压城，还有的似蝉隐密林。苏东坡的书法用墨丰腴而拙朴，曾被戏称为‘墨猪’，而苏轼本人认为自己的书法似一条大河：在平原上流淌平缓，遇山石则绕行，畅通无阻，收放自如。他的作品可以说是天然自成而非刻意求得。

“通过观察大自然可以使书法有所长进。有一位书法家看到了两蛇争斗，产生了灵感，将其相互纠缠、威胁、攻击的态势转化为自己运笔的风格。另一位书法家看到两个挑夫为了争先通过狭窄的城门，肩上的扁担互相打架，受到启示，改进了自己书法的结构布局。

“好字在于笔画线条之妙，就如同人的形体一样，须具备神、气、骨、筋、肉、血。创作书法字体需要依据汉字原本的写法和一定之规。但在需要的情况下也可以增加和减少某些笔画来调节字体整体与部分间的关系，以及各部分之间的关系。留白在书法作品中的重要性甚至超过了着墨部分，因而在考虑用墨的同时也需计算好如何留白。书法讲究‘疏密’布局、运笔与字体构成的和谐。

“各种书体流派大致可分为两大类：一类是儒家书法，另一类是道家书法。两者的区别在于后者是即兴创作，不是事先规划好的。比如，有的书法家认为酣醉的状态能够激发想象力。

“中国古代君子要学习的琴、棋、书、画、骑、射这六项基本技艺中，书法被看作是第一要务。

“最后，咱们再来说说王羲之吧，之前我已经提到过他了，他被誉为是‘书圣’。公元353年，他邀请四十一位文人雅士在兰亭聚会修禊。他们坐在树下，在蜿蜒曲折的溪水旁临流赋诗。对于生与死，世事无常的感慨触动王羲之挥毫写下了中国文学史上的不朽名篇《兰亭集序》。

> 永和九年，岁在癸丑，暮春之初，会于会稽山阴之兰亭，修禊事也。群贤毕至，少长咸集。此地有崇山峻岭，茂林修竹；又有清流激湍，映带左右，引以为流觞曲水，列坐其次。虽无丝竹管弦之盛，一觞一咏，亦足以畅叙幽情。是日也，天朗气清，惠风和畅，仰观宇宙之大，俯察品类之盛，所以游目骋怀，足以极视听之娱，信可乐也。
>
> 夫人之相与，俯仰一世，或取诸怀抱，悟言一室之内；或因寄所托，放浪形骸之外。虽趣舍万殊，静躁不同，当其欣于所遇，暂得于己，快然自足，曾不知老之将至。及其所之既倦，情随事迁，感慨系之矣。

向之所欣，俯仰之间，已为陈迹，犹不能不以之兴怀。况修短随化，终期于尽。古人云："死生亦大矣。"岂不痛哉！

每览昔人兴感之由，若合一契，未尝不临文嗟悼，不能喻之于怀。固知一死生为虚诞，齐彭殇为妄作。后之视今，亦犹今之视昔。悲夫！故列叙时人，录其所述，虽世殊事异，所以兴怀，其致一也。后之览者，亦将有感于斯文。

我的同事老孙陪我回到了学校。我带着老张新鲜出炉的画作，琢磨着欣赏一幅挂在墙上的作品同欣赏绘画过程之间的差别，心中充满了喜悦。老孙对我说这一堂书画欣赏课对他来说也是一次全新难忘的体验。

老孙性格内敛、沉静、工作忘我，与我非常要好。我们工作上一起合作，尤其是一起合作翻译。合作过程中我一般负责校对汉语译成西班牙语的译文，如果是西译汉，就由我来解释西语原文中的疑难点。那时候老孙有好几本拉美小说和一篇有关西班牙语从句分类的语言学方面的文章要翻译。当然，相比起来，我更喜欢翻译中国作品。就在这几天，我们在对一些中国古代故事的西班牙文翻译进行最后润色，其中有三篇故事都是关于绘画的。

有一位著名画家画了一幅《斗牛图》，朋友们纷纷称赞他画得好。而画家也非常满意自己的作品，他将画装裱在带玉别子装饰的锦缎卷轴上，平时都珍藏在松木箱子中，遇到懂画的行家才拿出来欣赏一番。一个夏日，这位画家担心虫子会咬画，便将画从箱子中取出，摊在院子里晾晒。一个小牧童路过刚巧看到了，他停下来呆呆地注视着这幅画。

"你喜欢这幅画吗，孩子？"画家得意地问道，"瞧这两头正在打架的牛，是不是像真的一样？"

"牛是很像。"小牧童回答。

"难道有什么地方画的不像吗？"

"牛打架的时候，全身都在用劲，尾巴在两腿间夹得紧紧的，可是这画上的牛尾巴似乎还在摆动。我从来没见过牛是这样打架的！"

听了这话，画家惭愧得匆匆把画收起来，一言未发。

第二个故事是这样的：

有一天，齐王问自己的宫廷画师："依你看，画什么东西最难？"

"狗呀、马呀这类牲畜最难画。"画家回答说。

"那么最好画的又是什么呢？"

"妖魔鬼怪最好画。狗和马这样的动物我们每天都能看见，所有人都知道它们长什么样。但是妖魔鬼怪谁也没亲眼见过，怎么画都可以。"

第三个故事说的是画家高超的艺术技巧，解释了"画龙点睛"这句成语的由来。据唐朝张彦远《历代名画记》中记载，画家张僧繇在金陵安乐寺墙壁上画了四条龙，但是没有画眼睛。有人问他为什么，他总是回答说："点了眼睛龙就飞走了。"他这么回答可不是凭空吹嘘，后来许多朋友催他完工，他迫于压力只得点了龙的眼睛。而龙真的就飞出寺庙不见了。

说到翻译，昨天我和老孙在一起译完了摘自唐代李复言所著的传奇小说集《续玄怪录》中的几则故事。因为和老孙搭档翻译，我还结识了林春。说到她之前，我还是先来讲一则我们合作翻译的故事吧。

有个叫张逢的人南下福建游玩，此地背山靠海，景色怡人。张逢一路走得气喘吁吁，见到一块柔软的草地便索性脱下外衣挂在树上，躺倒在地，不一会便睡着了。突然，他感觉似乎有只动物压在了自己身上，连忙直起身。此时张逢倦意已消，却觉得身体不大对劲。他低头一看，吓了一大跳，只见自己全身已覆盖上皮毛，竟然变成一头猛虎了。张逢尽管诧异，但联想到老虎的威严，他又放下心来。自己的双手如今是虎爪锋利，并且力大无穷，从此可以畅通无阻地在行走世间了。

为了试试腿脚，他腾跃而起，随即翻山越岭，迅疾如风。夜幕降临，张逢觉得腹中饥饿，便跑去一处村庄里找吃的。村里的狗、猪、马这些牲畜一见到老虎的身影都吓跑了。而张逢脑海里突然闪出一个怪念头：他想吃郑纠，新来的地方官。于是他潜伏在路边草丛中，静静等候着猎物的出现。

不一会儿，他看见几个人走来，其中一人问另外一人说：

“你认识新来的郑大人吗？我负责迎接他，不知他长什么样啊？”

“他是我家老爷，应该很快会来了。”

“有人同他一起来吗？我怕会认错人。”这人又问。

“有三个人一起来，他是穿绿色衣服的。”

张逢尽管变成了虎，心智还和人一样，所以还能听懂这些人的话。不一会，他果然瞧见身着绿袍的郑纠由两个人陪同走来了。张逢一下子窜了出来，扑到郑纠身上，叼起他就往山里跑。

吃完郑纠，变成老虎的张逢觉得心满意足。然而他在深山密林中游荡时，突然感觉甚是孤单。他想起了往昔，与朋友们相聚在一起是多么惬意啊！而如今，他只能躲在山中独自果腹，当老虎又有什么幸福可言呢？想到自己没有朋友相伴，只能躲在这深山老林中，他悔恨又痛苦地低吼一声，还是回去那片草地上重新变回人形才好。

于是张逢顺着自己走过的路又回到了老地方，并且发现自己的长袍还挂在树枝上。他就像上次一样扑倒在草地上，等倦意消散才直起身来。而这一次，他居然又恢复成人的样子了！他的仆人来找他，问他在哪里过的夜。张逢撒谎说：“我去了一个庙里，遇到一位高僧，与他讨论佛法。后来天色晚了，我就在庙里过夜了。”仆人则告诉他：“听人说这里有老虎出没。有一个叫郑纠的官人刚刚就被老虎吃掉了。您还是小心不要独自出行了。”

张逢听罢呆呆地看着仆人不再多说。几个月之后，他又来到了福建，借宿在一家小客栈。店家摆了一桌酒席，为了寻开心，便提议在座每个人讲一个古怪离奇的故事。张逢趁着酒劲就把自己当年化虎吃人的事说了出来。他本以为大家会惊奇地哈哈大笑，可谁知话音刚落一个年轻人腾地站了起来，拔刀便要杀他。原来这个年轻人就是当年被张逢吃掉的郑纠的大儿子。店家一番惊吓后定下神来，劝张逢赶紧西去逃命，改名换姓以避灾祸。

大家一致认为郑纠的长子一片孝心为父报仇并无过错，而张逢是化虎之后才不幸伤人的，也是情有可原，罪责可恕。

林　春

由于和老孙一起合作翻译并处理其他一些计划出版的工作，我好几次都不得不在他家中待到很晚。老孙的夫人林春对我非常客气，经常热情地留我在家吃饭。

有时我们就一边聊天一边包着饺子，饺子有素馅的也有肉馅的。林春将包饺子的面团醒好放在餐桌上，揪成一段一段，再擀成一张张漂亮的饺子皮。我们用筷子挑起一小块已经拌好调料的饺子馅放在饺子皮中心，学着包好的饺子样子，将皮折起来，尽量把饺子边捏紧，这样一会下水煮的时候才不会破。包饺子虽然很简单，但大功告成后足以让我感觉自己是传统美食能手了。美味的饺子在滚开的水中上下翻腾几分钟后就可以起锅了，吃的时候还可以蘸着酱油和醋。

一天在闲聊时，我告诉老孙我的一个新发现，你的夫人除了饭做得特别好吃（尤其是她做的蟹黄面、藕汤排骨、银耳羹），还有些特别的气质。不单是举止文雅，和蔼可亲，还有些东西我不知该如何形容。她在举手投足之间，都散发出一种与生俱来的优雅从容……

“我知道你的意思了。我妻子年轻的时候曾经是越剧演员，越剧也叫绍兴戏。”

“这可真是个意外的惊喜啊！前两天我还是第一次有机会去欣赏了越剧表演。当时的剧情、布景、音乐都特别打动我。”

林春知道了我们在聊什么便问我：“你看的是哪一出戏呀？”

“《双玉蝉》。”我回答。

林春立刻哼唱起一段旋律，她的脸庞也渐渐亮了起来。

“你看懂剧情了吗？”她问我。

“能看懂一些。你肯定记得清楚，能再给我完整地讲一遍吗？”

“没问题。”

有一位姓曹的商人不慎落水，多亏村里一位姓沈的读书人出手相救。两人随后闲聊时发现沈某有一个儿子属牛，而曹某说自己的女儿属鸡，两个孩子属相很合，于是沈某和曹某便替孩子们做主定下一门亲事，讲好待两个孩子长大后再完婚。沈某还将曾祖父传下来的一对玉蝉中的一只作为聘礼赠予了曹某。

然而沈某来年就不幸过世了，沈家的族长来到杭州曹某的家，要求他家里照顾未来的女婿。这是曹某第一次见到自己的女婿，却没想到竟然是一个才满两岁的小孩子。他彻底傻眼了，但也只好接受了这个孩子，因为这个小孩脖子上还系着和女儿那只一模一样的玉蝉。曹某的女儿已芳龄十八，也无可奈何地接受了命运的安排，这对未婚夫妇从此住在曹家以姐弟相称。

八年之后，一个亲戚无意间向这小男孩透露，曹小姐其实并非是他的亲姐姐，两人的姓氏都不一样，他们是夫妻。男孩很难受，就追问曹父和曹女事情真相，然而两人都坚称他们是姐弟。可怜的曹家小姐虽另有心上人，却苦于无法说出事情真相，悲痛欲绝欲寻短见。弟弟将她救了下来，才避免了一场悲剧。曹小姐请弟弟原谅，也答应他不会再想不开。

几年之后，曹小姐已有三十六岁，而沈家公子也满二十岁了，两人为逃离乱世寄居在一位官员家。这位官员的女儿貌美聪慧。沈公子对她一见钟情，并将自己的一只玉蝉赠给她做定情之物。几个月后沈公子进京赶考，竟然高中状元。报信的人来到曹小姐家中向她报喜，说状元相公即刻回府。

讲到这里，林春非常动情，轻柔地哼唱起这一幕的唱段“菱花镜”：

泪飞如雨喜万分！
我好比牡丹凋谢又重开。

喜只喜我凤冠霞帔做夫人，
我要梳妆打扮迎夫君荣归！

面对菱花猛一惊，
突见白发鬓角生，
玉容消瘦唇褪色。

哭一声命运喊一声天，
似这等误我害我岂公平！

曹小姐来到前厅，却见沈公子带着自己的心上人和她的父母一起来了。他们告诉曹小姐这是双喜临门：一来你的弟弟如今已在朝中封官，二来他要成婚了。曹小姐误以为沈公子要娶的是她，不由得激动万分。哪料想一对年轻人在她面前双双跪下，感谢她含辛茹苦将弟弟养育成人。可怜的曹家小姐见此情形肝肠寸断，情急之下昏了过去，人事不知。

待她悠悠醒转过来，看到了皇帝恩赐的义姐金匾以表彰她对弟弟多年的抚育之恩时，她摘下挂在胸前的玉蝉，交给弟弟心爱的姑娘。然后指着金匾上的题字悲痛地哭喊道，这难道就是我多年辛劳的结果吗？众人都呆住了，曹小姐悲忿不已撞匾而死。

“这出戏就这样悲剧收场了，这是一个关于忠贞与梦想幻灭的故事。”林春总结道。“越剧是非常受欢迎的剧种。观众们都能记住唱词，演员要是不留心唱错了词，有人就会冲她喊，还是我来替你唱吧！所以很多水平一般，或是刚入行的新手都害怕登台表演。

“越剧曲调婉转，唱词简单优美，朗朗上口，几乎很少用到锣鼓。此外，越剧唱腔俏丽，表演细致，舞台布景唯美，令人赏心悦目。演员的妆容素雅，以衬托其天生丽质，发式优雅大方，服饰颜色靓丽。然而，我最喜爱的当属越剧剧情，我们当演员的总说，能让台下观众投入到剧情起伏中或哭或笑，表演才算成功。越剧中的喜剧并不多见，长于抒情。我再给你讲一个《王老虎抢亲》的剧目吧。

“一位江南才子相貌俊秀，男扮女装去灯会上玩。当地恶霸‘王老虎’看上了这个美丽的‘女子’，强行将‘她’掠回家中。这出戏的戏剧性是双重的，越剧演员都是女性，所以在这里是由一名女性来饰演男扮女装的才子，你明白这个意思吗？这个妹妹怕抢来的‘女子’受欺负，就让她在自己的房中过夜。当晚，才子向小姐袒露了实情，二人互诉倾慕之情。小姐的母亲虽然一心要将女儿许配给一个大官，第二日也不得不应允了女儿与才子的婚事，因为另一位书生已将事情的原委写成诗句流传出去，众人都明白了怎么回事。”

“你说越剧中只有女演员表演？”

“是的，表演越剧的都是女性，而京剧自乾隆时期起只有男性登台表演。我自己从最初的跑龙套到主演，曾饰演过越剧中的许多角色。”

“那什么是你最大的成就感呢？”

听到这个问题，林春脸上的表情凝固了，似乎陷入了做越剧演员时的幸福回忆中。

“最有成就感的时候莫过于演唱完一段高难度的华彩之后，观众掌声雷动，经久不息。曾经有一段时期我收到的信多得数不清。一次，我的一个崇拜者接连给我写了十二封信都没收到回复，最后她指责我傲慢无礼……所以后来我不得不雇了个秘书帮我处理信件。热情的戏迷还曾把剧院橱窗里展示的我的照片都偷走了。在南方一所大城市，我们演出了三个多月，在拆除临时搭建的布景准备离开时，被戏迷拦下，不让我们走。双方争执了足有半小时，后来，我不得不出来向大家保证我们很快还会再来演出。还有一次演出前，我病倒了无法上台演出。观众就不让拉幕，说他们受骗了，他们不听顶替我的人唱。直到最后我出现在了台上，大家的情绪才平静下来。

“我十五岁起开始从艺道路，最早扮演的是小生。学艺之路是非常艰辛的，但我却觉得很享受，因为我热爱表演。老师们教我们在舞台上要学会随机应变。一次，一把刀不慎落下，差点伤到一位演员，我就说了一句笑话，赶紧把刀拾了起来。还有一次，我把扇子抛到空中，落下来的时候却没接住。为了不丢丑，我索性装出胜利的表情一脚踏在扇子上，仿佛剧本上就是这样写的，观众都为我鼓掌叫好。

“戏曲表演中的扇子是一个重要的道具。一把合上的扇子可能包含着几十种意思：用扇子敲打手心意味着在思考，扇子在胸前一转意味着担忧，扇子指一下头表示想到一个好主意。扇子一打开，又有几十种意思：扇子遮住眼睛表示在想心事或仔细倾听，双手举扇转圈表示在欣赏景物，扇子遮住脸孔暗喻大风扑面，扇子快扇几下是扑蝴蝶的动作。戏曲中使用的扇子非常优雅，演员总是右手持扇。是否使用扇子与剧情中天气冷热并无关系，因为它体现的是人物的内心世界，当然，如果是下雪的场景扇子也不会在舞台上出现了。

“越剧是用一种浙江方言来演唱的，能听懂的人不多。为使观众听清，通常将唱词投影在舞台左右两侧长条形的幕布上。汉语的普通话和方言都是声调语言，可以用不同声调发同一个音，然而在唱腔中这些声调就会发生变化，即使母语是汉语的人也很难听懂。因此中文歌曲发行的卡带和光盘里总会附上歌词。”

“所有剧目中我最喜欢的当属《梁祝》了，这出戏取材于明朝时期的一个传说：

“女主人公祝英台在家中排行第九，前面有八个哥哥，她一心想往杭州求学，然而当时时代不允许女子外出读书。英台见父亲不同意她求学就乔装成一个卖卜算命的劝说祝员外。后来英台袒露实情，祝父见女儿男装打扮一无破绽只得勉强应允她去杭州读书。

“英台女扮男装去杭州求学途中邂逅了同去求学的书生梁山伯，两人一见如故，遂义结金兰，以兄弟相称。梁祝同学三年，山伯始终没发现英台的女儿身，而英台却深爱着梁山伯。她将心事告诉了师娘，并把一个玉扇坠儿交给师娘作为信物，托她日后做媒。

“后来英台回乡，山伯去送她，途中英台不断借物暗示自己是女儿家，梁山伯依然不解其故。为了表明心意，英台只得邀山伯同入一座观音庙，这是只有恋人或新婚夫妻才同去的地方，然而山伯依然不懂她的暗示。分手时，英台问他是否已有婚约在身，山伯说没有，英台于是谎称家中有一小妹，愿替山伯作媒。两人约好一年后去英台家相会。

“梁山伯回到学馆，一位朋友告诉他祝英台的真实身份，山伯非常高兴，他只待一年之后去寻祝英台。然而此时祝父已将英台许给一户有钱有势的人家。一年后，山伯带着英台留下的玉扇坠儿，沿着他们走过的路去她的家乡找她，这才终于明白她当时的种种暗示之词。

“山伯来到了祝府，祝父强令二人从此断绝往来才能见上一面。英台向山伯说明原委，山伯只得退还了定情的信物。回到自己家中，山伯就一病不起了，他给母亲留下了一封信，信中留下了自己的遗

越剧《梁祝》

愿：在墓碑上血书他和祝家小姐的名字。

“几个月后，祝英台要正式嫁到夫家了，但她不肯上轿，坚持要先穿上丧服去梁山伯的墓前祭奠。来到心上人的坟前，英台走下轿来，双膝下跪，拜了几拜，然后撞碑自尽了。此时坟墓忽然裂开一条大缝，飞出两只蝴蝶翩翩起舞，天空中也显出了一道美丽的彩虹。”

林春回忆着这出戏中最动人的情节、最优美的曲调和场景：梁祝的首次相会、十八里相送、告别时的情形和对话。

“在所有我饰演过的角色中，我觉得梁山伯是最难演的，也是最富有挑战性的。梁祝的故事也被拍成了中国第一部彩色电影。要是我可以放下手头大学图书馆的工作重返舞台上，那这部戏一定是我首选的保留剧目。但是，不可能了，这只能是奢望了。我现在最高兴的事就是去看一场精彩的越剧演出，跟着演员们低声哼唱那些熟悉的唱段，去回忆回忆就足够了。”

聊　斋

袁方是个聪明好奇的学生，他总有许多问题要问，手里总拿着一个小本子。他的西班牙语进步非常快，我几乎无需给他改错，只要给他答疑就行了，比如近义词的用法，或是他好奇的某些表达方式的含义。袁方对文学很感兴趣，他的很多问题都令人意想不到，不好解答。大学三年级的学生就能有这样的水平实属难得。

在翻译课上袁方挑选了一些中国历史故事将它们译成了西班牙语。他的翻译作品刊载在任何一本西语文学杂志上都没问题。因为他的写作能力很强，我给他取了个绰号：小说家。

袁方翻译的历史故事对我来说很新鲜，我想给你看看其中两个最有意思的。这两个故事都发生在杭州，南宋的都城，这也是被马可波罗盛赞的城市，袁方的老家。第一个故事是这样的：

苏东坡是北宋时期著名的诗人和书法家。他曾被朝廷派到杭州做通判。这个消息一传出，衙门口每天都挤满了人盼着苏东坡走马上任。可是，大家伸着头盼了好多天，还没盼到，众人都很失望以为他不来了。

这天，忽然有两个人扭到衙门里来，喊着要告状。衙役出来吆喝道：“新老爷还没上任哩，要打官司过两天再来吧！”那两个人正在火头上，也不管衙役拦阻，硬要闯进衙门里去。

这时，来了一个骑着毛驴，头戴方巾身穿长衫、面色红润、脸上全是络腮胡子的大汉，他嘴里喊着：“请让路，让路！”

众人一时都呆住了，没人上前阻拦。此人径直将毛驴拴在衙门外的柱子上，进了衙门，坐在了正中的虎皮大椅上。衙役以为这是个疯子，冲他喊道：“这可是老爷的座椅，你胆敢放肆可是杀头之罪！”

“你怎知我不是老爷？”

“你难道不知道要有官印才能验明正身？”

“官印我有啊！”他说着从口袋里掏出官印摆在桌上。

衙役见状惊愕不已，原来这大汉真的就是新上任的通判苏东坡。就这样，苏东坡没来得举行就任仪式就命人升堂断案，叫衙役放那两个告状的人进来。他问道：“你们两个叫什么名字？谁是原告？”

两个人都跪在堂下直磕头。一个说：“我是原告，叫李小乙。”另一个说：“我叫洪阿毛。”苏东坡问：“李小乙，你为何要告洪阿毛？”李小乙回答：“两个月前我把所有的钱都借给了洪阿毛做本钱。因为我们是好邻居，讲好不收利息；但我什么时候要用，他就什么时候还我。如今，我急等着银子娶亲，他不还我银子，还打我！”苏东坡问洪阿毛：“可有此事？”

洪阿毛磕头分辩道：“大老爷呀，我是赶时令做小本生意的，借他那十两银子早在立夏前就买了二十把扇子。想不到今年这都五月份了，还没热起来。大家还穿着棉衣呢，谁来买扇子呀？这几天又是阴雨，扇子放在箱里都霉坏啦。我实在没有银子还债。李小乙就骂我，还要打我，我在火头上就打了他一拳！只打了一下，并不重。”

苏东坡听了，在堂上皱了皱眉头，说道：“李小乙娶亲要紧，洪阿毛应该马上还债……有办法了，洪阿毛回家去拿二十把发霉的折扇给我。”洪阿毛飞奔回家抱来了发霉的扇子交给苏东坡。苏东坡将折扇打开，铺在台面上，笔墨伺候好便在扇面上作画。挑那大块霉印子的，画成岁寒三友松竹梅；那霉印子小的上面就题上诗词。写好画好后，他拿了十把扇子对李小乙说：“你娶亲的十两银子就在这十把折扇上了。你去街上喊‘苏东坡的字画扇，一两银子买一把’，马上就能卖掉，你就可以成亲了。”苏东坡又拿十把折扇给洪阿毛，对他说：“你拿这十把折扇去卖，卖得的钱再去另做生意。”

两个人磕头离开，心里似信非信，谁知跑到衙门口只喊了几声，二十把折扇就被一抢而空了。李小乙和洪阿毛带着银子欢天喜地回家去了。苏东坡巧断案的故事，一下就在民间传开了。打那以后，杭州的手艺人也开始制作这种精美的扇面上有书画题字的“杭扇”了。

第二个故事说的是很久以前，四川峨眉山上有一座会飞的小山峰。它一会儿飞到东，一会儿飞西。飞到哪里，就在那里压死压伤很多人。那时候在杭州西湖边的一座庙里住着一个叫济癫的和尚。他手里经常摇着一把破蒲扇，成天疯疯癫癫、嘻嘻哈哈地四处闲逛，但是百姓们都很喜欢他。

有一日，济癫和尚忽然梦到这座会飞的山飞来压在了附近村子上。他吓醒了，赶紧跑去提醒村民们：“不好啦，快搬家吧！山要飞来啦，人命关天啊！”村里的老人们摇头不信：“山怎么会飞？”妇人们说：“我们这么穷，能搬到哪儿去啊？”年轻人说：“山要是真飞来了，我们用肩膀扛起来便是，不怕！”孩子们也都蹦蹦跳跳地跟在济癫后面嘲笑他的疯话。一早上的时间很快就过去了，村里头没人愿意搬家。

这该如何是好，济癫急得团团转，突然听见“滴滴答答”吹喇叭的声音，好不热闹。他循声找去，原来是有个人家正在办喜事呢。

这和尚灵机一动，想到了一个好主意。他拨开看热闹的人群，挤到跟前，把新娘子拦腰抱起，往背上一扛，拔脚就往外跑。新娘子头上盖着红布，大声呼救起来。

村民们拎着棍棒锄头就追出来了："疯和尚抢新娘子啦，快捉住他，捉住他啊！"全村的男女老少听见喊声都追了出来。只有村里的地主还呆在家里看笑话。那济癫和尚背着新娘子，健步如飞，村民们怎么也追不上。这时太阳升到了正中天，济癫终于停了下来，把新娘子往地上一放，摇着蒲扇等着众人赶来。

大伙儿追上来，正要冲上前去揍他，天一下子黑得像个锅底，瞬间狂风大作，只听得身后传来天崩地裂的一声巨响，村民们个个吓得目瞪口呆。等到太阳重又露出头来，大家看向村子的方向，发现一座小山已把村子压得死死的。他们这才明白是疯和尚济癫救了他们。

济癫见乡亲们没了家悲伤难过，便对他们说："大家不要哭。这座山把地主压死了，从今以后田地就是咱们自己的了。大家还怕不能重新把房子盖起来吗？"听了这话，村民们一个个转忧为喜。济公又灵机一动对大家说："这座山说不准下次又要飞到什么地方去，不能让它再给人带来灾难了。不如我们在山上凿出五百罗汉把它镇住，怎么样？"说干就干，村民们用凿子、锤子、石片各种工具一夜之间就在飞来峰上凿出了五百个罗汉。有了五百罗汉坐镇，这座小山再也飞不了了，这就是今天人们所熟知的杭州"飞来峰"的传说。

晓琳是个胖胖的、性格很活泼的女孩子，也是三年级的学生。我把她翻译的小故事讲给你听。她说这个故事是民间传说，也曾被改编成剧本，在各种杂志上都出现过。中国古人曾说好的故事开头要像凤头一样炫丽、耀眼；主体要像猪肚子那样充实、饱满；而最后的结尾要像豹尾一样有力。而这篇小故事最有意思的地方就在于它的结局有各种版本。

相传在苏州附近的一个村子里，有一对年轻的夫妻靠养蚕为生。他们攒够了一定数量的丝，丈夫就拿到集市上卖。一只蚕平均能吐一公里长的丝呢。有一次丈夫出门卖丝许久都未归，妻子想丈夫大概不会回来了，也许他从此永远抛弃了自己。然而过了很久，突然有一天，丈夫又回到村子里来了。快到家的时候，他发现几个村妇正攀在树上采摘桑叶。他看见其中一个妇女觉得甚是喜欢，两人便眉来眼去，聊了起来。经过一番打情骂俏的对话后，两人决定一起把活干完。

然而有意思的是，这两人正是分别多年的那对夫妻。根据不同的版本，这个故事的结局也有些出人意料。有一个版本说，两人经过一番对话后，认出了对方，双方又惊又愧，相互原谅了彼此。第二个结局是他们跑去找人给评理。还有一个结局是妻子因绝望而自尽，丈夫也看破红尘自杀了。这最后一种结局想要表达的是人永远无法真正地认清自己，无论他们是不是已经步入了婚姻，他们都想尽力逃开身边的伴侣，然而同时又不由自主地寻找着过去的爱人。这个故事中的对白与评论部分充分展示出民间百姓的幽默风趣与丰富的想象力。

在翻译诗歌方面表现最突出的学生叫李海宁，海宁的意思是宁静的大海。海宁的记忆力特别好，能记住许多近义词，就像一本“活字典”，而且她对于诗歌独特的敏感性，使她的翻译作品能够准确反映出西语表达上一些极其微妙的差异。

我这里有她翻译的表现边关将士思乡之苦的诗句：

采薇采薇，薇亦作止。曰归曰归，岁亦莫止。
靡室靡家，猃狁之故。不遑启居，猃狁之故。
采薇采薇，薇亦柔止。曰归曰归，心亦忧止。
忧心烈烈，载饥载渴。我戍未定，靡使归聘。
采薇采薇，薇亦刚止。曰归曰归，岁亦阳止。
王事靡盬，不遑启处。忧心孔疚，我行不来！

唐朝是中国古代诗歌的高产时期，诗人有一万余人，流传下来的诗作约五万多首。下面是一首表现爱情的诗：

昨夜星辰昨夜风，画楼西畔桂堂东。
身无彩凤双飞翼，心有灵犀一点通。
隔座送钩春酒暖，分曹射覆烛灯红。
嗟余听鼓应官去，走马兰台类转蓬

著名的《七步诗》背后有一段很有意思的历史。三国时期的魏王曹操有个非常聪明的儿子叫曹植。他天资聪颖，从小就能诵读长篇的辞赋著作，也擅长写诗。自二十三岁那年起又逐渐展露出军事才能。

曹植的哥哥叫曹丕，他很害怕弟弟同他争夺太子之位。在古典小说集《世说新语》中记载了这对兄弟相争的好几个故事。据说有一次曹植曾因醉酒耽误了曹操令他执行的军务，而这正是曹丕的故意陷害，令他失去了父王的信任。后来曹丕继承王位，依旧对弟弟不依不饶，治了他死罪。行刑前，他冒出个主意，对曹植说："你要是能在走七步的时间内吟成一首诗，我就饶你不死。"曹植回答说："我已别无选择，请出题吧。"曹丕说："那你就作一首兄弟情谊为主题的诗吧。"

然而还没等曹丕走完七步，曹植的诗就作出来了：

煮豆燃豆萁，
豆在釜中泣：
本是同根生，
相煎何太急？

曹丕听了自觉惭愧，遂饶恕了弟弟的性命。

下面这首情诗是由西晋诗人傅玄所作：

昔君与我兮形影潜结，今君与我兮云飞雨绝！
昔君与我兮音响相和，今君与我兮落叶去柯！
昔君与我兮金石无亏，今君与我兮星灭光离！

一天，海宁又翻译了几首李白的诗给我看，她还告诉我一些汉语文学语言中使用的固定词汇。这些词语语义非常明确，如果事先不了解，就可能错过重要信息。比如，“红尘”是指人世；“金莲”指女人的小脚，据说中国古代女子缠足的习俗兴起于九世纪，因为当时某位帝王特别喜欢小脚的女子；“内人”指的是妻子；“丹青”代指画作；“爱巢”指的是新婚夫妇的新房；“孔方兄”是指钱，因为古代铜钱的形状就是外圆内方。用“玉兔”代指月亮的典故出自神话传说；道教名山“泰山”可以用来指代重要人物；“秋波”是指美人妩媚的眼神。有一个传说讲的是楚王做梦梦见了美丽的巫山神女，欢爱之后神女与他告别时说自己早晨是“朝云”晚上是“行雨”。后世便用“云雨”这个有些奇怪的表达方式来代指情爱关系了。

海宁接下来又给我讲了李白，他被认为是中国最伟大的诗人。下面这第一首李白的诗在中国脍炙人口，连幼儿园的小孩都会背。诗的主题是在中国传统文学中常见的一类—乡愁：

床前明月光，
疑是地上霜。
举头望明月，
低头思故乡。

第二首诗的主题看起来也很平常，讲的是萤火。然而在大诗人李白的笔下无论多么平凡的事物都会焕发出光彩：

雨打灯难灭，
风吹色更明。
若非天上去，
定作月边星。

李白人被称作“酒仙”，曾被贬出朝廷。他愤世嫉俗，放浪形骸，给后世留下了许多传说。其中有一则说的是李白经常去一个酒馆，酒馆的老板姓鲁，是个精明厉害的笑面虎，只认钱不认人。

一日，这鲁老板估摸着李白没剩多少钱了，就暗示店里的酒保别理这个穷诗人，可酒保偏偏热情地为李白斟酒。于是，等李白喝完酒，他便弦外有音地对李白说：“小店屋檐太低，酒池太浅，可禁不住您这样的大酒壶呵。”李白听懂了他的意思，就从怀里取出最后一锭银子往柜台上用力一掷。鲁老板见了登时眉开眼笑：“小人真是有眼不识江底深啊。”他转身吩咐酒保找钱。诗人一挥袖子：“算了，别找了，下次再来！”

第二天黄昏，李白又来到了酒馆。第三天，鲁老板坐不住了，他算了算李白丢下的银子，开始偷偷地往酒壶里兑水。渐渐地，他兑的水越来越多，而李白一声不吭，直到有一天，他干脆就端上一壶凉水。这下李白气坏了，想找店主论理。可又一想，跟这种人有什么道理可讲呢？他叹了口气，默默地离开了。而这一带也没第二家酒馆了，上哪找酒呢？夜深了，李白翻来覆去地睡不稳。想写点诗，写不出。没有了酒，作诗的灵感也没了。他叹了口气，静静地听着房檐下淅淅沥沥的雨声，心都要碎了。

有一天，他在江岸边徘徊，碰到一位老人家朝他微笑示意。而当这老汉认出眼前站着的正是诗人李白的时候，连忙下拜道：“感谢救命大恩人！几年前闹灾荒，我和老伴带着孩子上山剥树皮，忽

李白像

然一只猛虎朝我们扑来，吓得我们魂飞魄散。多亏先生正好经过那里，飞箭射死了猛虎，我们一家子才死里逃生。”李白听了连忙扶起老汉说：“算不了什么，算不了什么。”老汉说：“这些年来为了找机会报恩，我一直在暗地里跟着你。” 李白听了不由得热泪盈眶，一把拉住老人的手，问到：“孩子哩？”老人回答：“他就在您去的那家小酒馆里做酒保，那吝啬的老板是如何待您的他心里清楚。”

老人随后领着李白去了他家，搬出一大坛子酒说：“往后，您喝的酒，全由我这老头子包啦！” 李白乐得不知如何是好，端起酒杯来一饮而尽。饮着，饮着，醉意上来了。他眯着醉眼，跌跌撞撞地跑到门外园子里的石台前，叫人拿笔来。老人知道李白诗兴来了，赶忙递上笔墨纸张。李白遥望大江滚滚，残阳如血，低声吟诵着诗句，然后提起笔来，一挥而就。

老人恭恭敬敬地捧起墨迹未干的草书，奔回茅屋将诗贴在墙上。打那起，这事流传开来，过路的、打柴的、捕鱼的都想进来看看墙上的诗。他们有的抄，有的背，还有人坐下来边喝酒边欣赏这幅佳作，细细品味诗人创造的意境。也不知从哪天起，小茅屋开成了酒馆，名为“太白酒家”，生意也日益兴隆起来。

关于李白之死也有三种版本。一种极富浪漫色彩的说法是，他喝醉后想去水中捉月，结果溺水而死。官方版本是他饮酒过度而死，而道教版本说他死后升天成仙了。

下面这三首写牡丹花的诗充分展示出诗人绝佳的艺术创造力：

其一：

云想衣裳花想容，春风拂槛露华浓。

若非群玉山头见，会向瑶台月下逢。

其二：

一枝红艳露凝香，云雨巫山枉断肠。

借问汉宫谁得似，可怜飞燕倚新妆。

其三：

名花倾国两相欢，长得君王带笑看。

解释春风无限恨，沉香亭北倚阑干。

几天前，袁方来我这里，把新翻译的一篇故事拿来给我看，他觉得我应该会感兴趣。

在中国古典文学作品中有一类神怪小说，数量很大，包括神话、寓言、神异鬼怪的故事和传说。讲述鬼魂、幽灵、动物、巫术的传闻，鬼魅可化作人形和普通人一起生活。这一类小说中的代表作便是蒲松龄所著的《聊斋志异》，写于1670–1690年间。之所以叫“聊斋”传说是作者为了写这部作品，在他家旁边摆茶摊，和过路人聊天，听他们讲奇异的故事，之后依据自己的喜好再记录加工，就写成了《聊斋志异》这部伟大的作品。全书有近五百篇故事，其中一些针对当时朝廷和社会的腐败黑暗、科举制度的弊端等进行了揭露和批判。

瑞云十四岁时，妓院的老鸨要让她接客。瑞云说：“这是我一生的开端，价钱由你定，客人请让我自已选择。”于是主人为她定好了身价，求见的客人必须有见面礼。礼厚的，瑞云就陪他下盘棋，酬谢一幅画；礼少的只留喝杯茶就打发走了。

贺生是当地一个很有名气的才子，只是家中不太富裕。他一直仰慕瑞云，希望能见到她的芳容，但又暗自担心瑞云会嫌弃他这个穷书生。没想到见面一谈，瑞云却招待得十分殷勤，坐在一起谈了很久。瑞云还作了首含情脉脉的诗赠与贺生："何事求浆者，蓝桥叩晓关？有心寻玉杵，端只在人间。"贺生得到这首诗又惊又喜，有许多话正想说，忽然小丫鬟进来通报说又有客人来了，贺生只好匆匆告别。

回家以后，贺生反复品味着瑞云的赠诗，心中的爱慕与日俱增。他又借了些钱物去见瑞云。姑娘见到他很高兴，问他："你晚上不想留下来陪我吗？"贺生说："我只是个穷书生，能够见到你的芳容，我就心满意足了，旁的哪还敢奢求？"两人对面坐着谁也不再说话，最后只得无奈告别。贺生想不出别的办法，心灰意冷，只有痛苦地斩断情丝，与瑞云断了音信。而瑞云的初夜人选，选了好久也没有一个合适的。老鸨很生气，要强迫她和一个有钱的公子哥在一起，但是瑞云坚决不从。

一天，有一个秀才带着赠礼来，坐着说了一会话，起身告辞时用手指头按了一下瑞云的额头。不久，瑞云照镜子发现额头上竟然有一个黑墨一样的指印。她一遍又一遍地擦洗墨痕，但是怎么也洗不掉。不几天，墨痕渐渐扩大，过了一年多，已盖住整个半边脸了。见到她的人无不嗤笑，老鸨使唤她和婢女们一块干活。贺生听说后，来看望她，瑞云蓬头垢面，正在厨房里干活。贺生怜惜她，便同老鸨说愿意赎瑞云作妻子。老鸨同意了。

贺生变卖了仅有的一点家产，把瑞云买了回来。进了家门，瑞云哭了，说自己太丑不敢做他的夫人，愿意给他当侍妾。然而贺生说："人生最重要是得一知己。你当红时对我的好我岂能忘记？"两人成婚了，周围人都讥笑贺生，但贺生对瑞云情深意重。

有一天，贺生偶然到苏州，碰到一个书生与他同住在一家客店。这书生忽然问他："杭州有个叫瑞云的名妓你认识吗？"贺生回答说嫁人了。书生又问：“嫁给谁了？”贺生说：“那人和我差不多。”书生说：“如果能像你，可算嫁了合适的人了，不知身价是多少？”贺生说：“因为她得了种奇怪的病，所以贱卖了。不然，那个穷书生又怎么能买到如此漂亮出众的女子呢？”书生又问：“你说的都当真？”贺生觉得他问得特别，就反问他为什么对此这么有兴趣。这书生笑着回答：“实不相瞒，我曾见到她的芳容，很可惜她绝世佳人流落风尘，就使了点小法术，遮掩了她的美貌，以保护她的纯真，留待真正爱怜她的人去呵护她。”贺生忙问他说：“原来阁下就是给她点上墨痕的人，这印迹能不能再洗掉呢？”书生笑着说：“怎么不能！但须要那个娶她的人诚心诚意来求我！”贺生起身施礼说：“瑞云的丈夫就是我呀。”那书生高兴地说：“天下唯有真正的君子才懂得真情可贵，不因为外貌容颜而改变心意。快领我去你家，我还你一个美人。”

两人一同到了家中，贺生要妻子准备酒菜，书生止住他说：“先端盆清水来吧，让我还你妻子的美貌与幸福。”贺生端上水来，那书生用手指在水面上画了几下，说：“夫人用这水洗洗脸马上就好了。”贺生端着盆赶忙进了瑞云的房间，瑞云一洗，果然恢复了昔日靓丽的容颜。夫妇俩非常感激，一块出来拜谢，但是客人已经不见了。找遍了也没找到，他们心想这大概是个仙人吧！

西　藏

曲折倾斜的石铺小巷，安静的小广场，僻静荒芜的角落，温顺而又警觉的狗儿——传说是古代战俘的化身，两层的白房子，褐色的飞檐，灌木，庙宇的金瓦屋顶，露台上方的刺绣遮阳棚，五彩的经幡迎风飘扬、一群虔诚的僧众住在孤山的山坳处，远处的背景是碧空如洗、山岩冷峻。这里就是哲蚌寺了，寂静、温和、淡定，仿佛僧侣们和蔼可亲的面庞。

小程对我说："哲蚌寺和甘丹寺、色拉寺并称黄教三大寺。自公元十五世纪初这里就住着众多僧侣，鼎盛时期曾多达八千人。"

我问："'哲蚌'又有什么含义？"

"'哲蚌'在藏语中是米聚的意思，大概是因为寺院规模宏大，远望似巨大的米堆。我们现在进入的是措钦大殿了。"

殿内欢迎我们的是宝座上一尊栩栩如生的强巴佛像，强巴佛即未来佛，佛像面带微笑，表情亲切。大殿四壁垂挂着写有梵文的条幅，蒲团，蜡烛，佛香袅袅。诵经声惊人的单一，这声音不疾不徐，空灵超然，引人入胜而又激动人心。间或有一些年轻僧人难免投入而心醉，他们那独特的嗓音中的欢快就凸现出来了，然而并没有打破整体声音的和谐一致。此时在这大殿中我所能感受到的是超脱于尘世的纯净氛围，心灵深处祈祷的震颤以及灵魂默默跳动的脉搏。

小程接着又告诉我："佛教的寺院和庙宇总是建在风景秀丽宜人的地方，对所有人开放。僧人每天清晨敲钟，而在诵经时会敲法鼓击节伴奏。"

喇嘛在藏语中意为"上师"，原是对寺院长老、高僧的称号，现在变成了称呼所有僧人的敬语。"达赖"在蒙古语中是智慧如大海的意思，这个称号提醒我们正是在十三世纪中叶元世祖忽必烈的统治下喇嘛教得以传到了蒙古和北京。要理解喇嘛教要从它的源头佛教说起。

佛教是距今 2600 年前由佛陀乔达摩 · 悉达多，即佛祖释迦摩尼所创。最早是印度北部的宗教，它是在对婆罗门教的反抗中产生的一种独特的宗教学说。婆罗门祭司制定有一套复杂的祭祀制度，对应的是森严的社会等级制度，而佛教寻求的是觉悟，认为众生皆有佛性，这是一种泛神论，不认为有独一无二主宰宇宙的人神或创世主。

中国的佛教派别分小乘佛教（梵语是 Hinayana）和大乘佛教(梵语是 Mahayana)。小乘佛教是早期佛教的主要流派，追求个人的自我解脱，最终达到涅槃，也就是没有烦恼、超脱生死的境界。大乘佛教认为人人皆可成佛，并可救赎他人。凡立下宏愿，上求佛道，下化众生的都被称为菩萨。人们有时用牛车和羊车来比较大乘佛教和小乘佛教这两个派别，显然牛车会更快到达目的地，也就是度化到极乐世界。

大乘佛教自七世纪起传入西藏，形成了众多复杂的支派，后于十一世纪起创立了藏传佛教，也就是喇嘛教，它又可分为红、黄、白、花、黑几个派别，十五世纪起黄教成为最重要的派别。

藏传佛教巧妙地依据大乘佛教观音菩萨化身之说，创立了活佛转世系统，实行不同等级的活佛转世。按照这一制度，具有一定名望的大喇嘛或活佛圆寂之后会转世重生。所以各个寺庙都会推举一名灵童为法位继承人，这样也可避免选举成人继承者容易引起的矛盾争斗。

在佛教传入西藏并取得合法地位之前，西藏地区有巫术信仰、恐怖的传说和一些鄙陋的习俗，其中一部分甚至至今仍在延续。尤其是旧时代西藏女性地位极低，女性被看做是魔鬼的化身，会带来灾祸。女性耕过的田，种子都不发芽，耕牛也会死掉。女性代表着厄运，所以过去女性会被虐待、歧视，也不允许介入政务。从一些流传的俗语中我们可以看出对女性的歧视态度，比如："男人不发疯什么都可以做，女人只是会说话的工具""妇女说的话，如同母马奔"，女性在祈祷时也会这样发愿：菩萨保佑我下辈子做个男人。

但在一些古老的传说中，女神却是善良而强大的，比如关于西藏高原起源的传说。这块高原被世界上海拔最高的山峰环绕着，据传说大部分土地曾被水覆盖，其余部分便是原始森林。某一日，有五条巨大的妖龙从海中跃出，掀起层层巨浪，四周成了一片汪洋大海。此时海面突然出现了五朵玫瑰色的云彩，从云彩中走出了五位仙女，她们制服了恶龙，海浪平息了下来。接着她们念起咒语，草原、耕地、北方的牧场也随之一一出现了。生活在这里的众生请求女神们不要走，她们最终化作了喜马拉雅山脉的五座高峰驻扎在了这片高原上。藏民们尊称她们为"雪山神女"。

佛教中有一个支派"坦特罗"密教的教义也是崇拜神秘的女性能量。这个派别在公元四世纪形成，与认知宇宙建立了联系。这个教派崇拜女神，神像也都是女性。其修炼仪式包含秘法、冥想、瑜伽、意念以及人体器官的控制等。

佛教的传入为西藏带来了文字、艺术和文明的曙光，使它远离了那些迷信巫术崇拜。

小程直起身，仿佛在做某种运动操般有节奏地活动了几下胳膊和腿来解除酸麻之感。我不知道这些动作是他临时自创的，还是从哪里学来的，我也想活动活动四肢，便努力模仿着他的动作，效果还不错。我们相互望着对方，一齐做着自创的独特动作，忍不住哈哈大笑起来。笑声在这小小的内庭中回响，我俩都被这动静吓了一跳，于是困惑又自责地对视了一下，这样肃穆安静的地方恐怕是严禁这样放肆大笑的。这时，拐角处出现了三个年轻的和尚，我们不禁担心起来，还好，他们是微笑着冲我们走来的。

令我惊喜的是，小程立即用藏语同这几个僧人攀谈起来，我什么也听不懂，但感觉他们说得很投机。在他们聊天的这几分钟，我想起了几个星期前，当我告诉小民老师打算进藏的计划时，她兴奋极了，告诉我她有个表兄弟在西藏工作已有十年了，也曾经是我们大学的学生，而且为人特别好。我真是太幸运了！于是立刻给他写了信，请他在西藏陪同我。他姓程，叫文保，果然是人品出众，怪不得小民对他赞不绝口。

“他们想知道你为什么来这里？”小程的声音把我拉回到现实中。互相介绍了之后，我和那几个僧人通过小程的翻译交谈了起来，这次谈话给我留下了难以用语言来描述的深刻印象。此时已近日暮，天空仍是那么纯净湛蓝，我们就站在寺庙里一个小门廊旁，那几位僧人以及他们给我讲的佛教的思想无论从哪个角度看都是那么超凡脱俗，他们告诉我：

“古印度王子释迦摩尼在历经长时间的离家远游苦修后，一日坐在一棵树下，终于获得了大彻大悟，领悟到了生死轮回的奥秘，并找到了解脱之法，由此成为了无上佛陀，创立了佛教。”

“佛教的基本教义认为人生来就是要受苦的，我们怨憎会苦，求不得也会苦。宇宙一切现象都是此生彼生、此灭彼灭的互存关系和条件。任何现象的性质都是无常的。人的贪欲是苦的根源，会使我们陷入永恒的轮回之苦中。通过修行，多做善事积累福报，断绝一切果报、念想、生之渴望，才能摆脱生死轮回，进入涅槃。通向涅槃解脱有八种途径，包括：正见、正思维、正语、正业、正命、正精进、正念和正定。”

传说佛祖的弟子富楼那尊者准备去一个恶人遍布的国家弘法布教，佛陀对他说：“那里的人凶恶、浮躁、暴戾、骄慢，如果他们辱骂、诋毁你，你该如何对待？”“我该这么想：他们是贤良之人，虽然毁辱我，还不至于用石头掷打我。”

佛问：“如果他们用石头打你怎么办？”

富楼那说：“我会想那些人还是贤善，虽然用石头打我，还不至于用刀剑砍我。”

佛又问：“如果他们用刀剑砍你怎么办？”

富楼那答：“用刀剑砍我也是贤善之人，他们还没有取我性命。”

佛又再次问：“如果他们真把你砍死了呢？”

富楼那说：“我会想那些人是贤善的，对我很好，没有让我遭受多少痛苦，就了却了我这朽败的身体。”

佛陀听完非常满意：“善哉！善哉！富楼那，现在你可以去传播佛法了，去度化众生吧，让他们跟随你修成涅槃。”

“这启发我们要播种善意，对人对事要温和而有耐心。这样才可以化解人的怒气，平息行为的暴躁。同时还教人宽容，以德报怨。佛教徒认为幸福源于爱。我们都知道，爱并不仅限于男欢女爱，亲人、朋友、社会群体乃至不同民族间，都存在着这种感情。有了爱，我们才能生活得幸福。只要懂得爱，一对物质资源上很贫穷的夫妻也能获取极大的幸福感。爱滋养着人的内心，让人体会到真正的幸福。而仅有财富却不一定能够幸福，因为爱是无法用钱买到的。”

“佛法中有三种净业，一是要有慈心，修善业；二是要善待他人，利益众生；三是要深信佛法，诚心诵读佛经。这样的态度、做法才是圣人所有，不分贵贱与派别。世间有两种爱，小爱很浓烈，但有局限性，会随时间而减退；而大爱恒久绵长。大爱，如同母亲对孩子的爱，是对一切众生的慈悲心，堪比奔腾不息的江水，是寻找幸福的正确之道。大乘佛教教人爱众生，教人无私，放下执着之心。不修行的人则无法体会这种爱，无法开悟。众人皆有机会修成正道，福泽他人。”

“有弟子曾问上师，要是让您选择是开悟并获得凌空飞行的神通，还是继续修行大乘佛法，你会如何做抉择呢？上师说：我的前世中曾有一世已经修得了会飞的神境通，还有一世修得了天眼通，能够看到肉眼看不到的东西。所以，这一世我选择继续修行与弘扬大乘佛法，我便有可能彻底觉悟，修得更多的神通，最终脱离轮回之苦。”

“佛教修行给人带来的益处有许多，包括：使人内心强大、克服难关；获得心灵的平静与抵御外邪的健康身体；得到善报，并且未来光明、心想事成。要心怀大爱修成正果，有三种方法：发现大爱的益处，认识到私欲的缺陷，多想他人的好处。比方说，我们的衣食住行，生活中的种种方便都是他人提供的，自然界的飞禽走兽，一草一木，都与我们的前世今生有着千丝万缕的联系，都有恩于我们。多想他人的好处，才能培养我们对世间众生的大爱之心。”

此刻，天色渐渐暗了下来。澄净的天空依然如斯，太阳却已消失在群山背后。几位剃光头的年轻僧人相貌和善，绛红色的僧袍与周围的阴影形成鲜明的对比，这一幕深深地印在了我的脑海中。他们生活在“世界屋脊”之上，而这里也是人类精神上的一座高峰。

“拉萨，在藏语里是‘圣地’的意思。”小程告诉我，“这里遍布着大大小小的寺庙，街道宽阔，房子是白的，窗框漆成深色。有沉思默想的朝圣者，有贩卖珠宝、藏地特色小东西的商贩。布达拉宫坐落在拉萨市中心的一座小山上，建有九层，有九百多间宫室，气势宏伟，是西藏的王冠，藏文化的象征，也是人们心中的圣殿。”

布达拉宫

拉萨给人的第一印象是独特而不易接近的。这是座宗教氛围浓厚而安静的城市，高原的空气纯净、新鲜，耀目的蓝色晴空下是白色为主体的宫墙。形形色色身着宽袍的路人脸上带着若有所思的表情，街上、广场上随处可见虔诚祷告的信徒。院墙上、遮阳棚上、房顶上都能看到宗教符号。大昭寺外的街市上售卖的各种不可思议的宗教器物，街上不时举行的宗教活动，寺庙里那独特的精神信仰世界，种种这一切都神秘地围绕着同一个精神思想的核心运转着。

在一个大转经筒前，小程让我停下。转经筒是镀金的，圆柱形，筒上刻着梵文，人们态度虔诚地用手推动经筒，使之绕轴旋转起来。

他接着对我说："藏人将藏教文化中的艺术品分为三类：第一类是宗教形象，有大有小。材质有金、银、陶瓷、木刻或石刻，也可绘制或绣制在丝绢、锦缎上，并用宝石装饰，制作技术高超。可以供奉在寺庙大殿、节庆仪式，甚至是悬崖峭壁之上。在一些大型法事活动上会用沙石制作色彩鲜艳绚丽的坛城沙画，沙坛城难建而易毁，不会保留下来。另外还有以酥油为原料制作的佛像，保存在特殊的箱子内，待到某些特定的场合才会取出来展示，而在高原寒冷的气候下可以完好地保存这些酥油塑像。第二类艺术品是佛教的

转经

经文典籍，是僧人们唱诵或念诵的经书。一些是手抄的，一些是木刻印刷的，在布达拉宫内还藏有金水写成的经书。最后一类就是保存和供奉活佛、上师法体或骨灰的佛塔了。佛塔按建筑材料可分为石雕塔、铜塔、银塔、金塔。金塔和银塔又被称为灵塔，灵塔造型独特，塔身嵌满了宝石。十三世达赖喇嘛的灵塔殿内还供奉了一尊二十万颗珍珠编成的珍珠塔。”

“我很好奇佛像的各种手势有什么含义？”

小程说：“佛像的掌心相对，双手合十，眼望地面或目视前方代表我信佛法，向你行礼；双手张开，双臂在胸前交叉意味着精神专注、远离世间享乐；拇指与中指相捻，食指与小指上抬，有撒水祈福之意；如果佛是坐姿，右手食指与左手拇指相抵是辩经的手势；如果佛的双手在胸前，一个掌心向外，一个掌心向着身体，象征着佛教法轮；佛以手指触地表示拒绝诱惑。相传释迦摩尼在修行成道，即将成佛之时，魔王前来扰乱，阻止他清修。释迦摩尼告诉他自己已厌弃世俗的权力与享乐，遂以右手指触地，令大地为证，于是地神出来证明释迦摩尼所说不假。如果佛像是站姿，一手抬起，掌心冲前，表示佛法的空义或者是拒绝之意，而另一只手如果自然下垂，掌心向外，表示佛的慈悲之心。

藏传佛教，也就是喇嘛教的修行仪式包括诵经、驱邪、为信众祈福、宗教游行、祈祷仪式、祭祀活动和斋戒。参加法事活动的僧众会手持法杖，穿戴上法衣、法冠、佛珠，拉着香炉，需要时会披上雨披，这些僧人都必须是出家静修之人，不能结婚。

藏地的孩童从小就开始学习并反复吟诵的一句咒语是无法翻译的六个字：嗡、嘛、呢、呗、咪、吽，字面意思是：好哇！莲花上的珍宝，这句话在寺院的墙壁上、藏民的家中、道路旁、佛像边、迎风飘扬的经幡上处处可见。

坐在一个布置简单而温暖的小饭馆里，我们吃着青菜牛肉，喝着热奶，聊着天，一路长途跋涉所消耗的体力渐渐恢复了。小程接着给我讲道："据传说，汉朝一位皇帝做梦梦到了佛，便派使臣前去天竺（古印度）邀请佛僧到汉地宣讲佛法，并求得真经。大约在公元 70 年，这位皇帝下令在洛阳修建了第一个寺院，取名白马寺。自此以后，佛教庙宇逐渐遍布全国。到唐朝时，寺庙多达四千余座。佛教刚兴起时还不能为当时的时代所理解，一些佛法还不为人所知，并且以个人的修行为主，不度他人。佛教传入中国后很快就行成了不同的宗派，如：大乘、小乘、三论宗、天台宗、净土宗、禅宗等。

藏教中最热闹的节庆当数沐浴节了。这个节日历时七天，从弃山星出现，直至隐没，这一星象标志着从夏天过渡到秋天。要理解这个节日的来历，先要知道何为观音菩萨，也被称为大慈大悲观世音菩萨。观音自古以来就为世人所崇拜，他能"观"到祷告呼救之声，渡众生脱离苦海，升入西天极乐世界。观音得道的传说是这样的：古印度有位国王患了重病，生命垂危。御医对他说，此病百药难治，唯有用亲生女儿的手和眼才能治好。国王的两个大女儿都不愿献出自己的手和眼，唯有最小的女儿愿为父亲做出牺牲。佛祖为姑娘的孝心所感动，赐给她千手千眼，她得道成了菩萨。在许多寺庙中，都有美丽庄严的千手观音的形象，有的手中拿着法器，有的手掌中刻着眼睛。”

“相传，很早以前西藏地区爆发了罕见的大瘟疫，人畜大量死亡。为了求得神的庇佑，人们前去祭祀观音菩萨，菩萨派了七位仙女取来七杯仙水倒入藏区所有的河流湖泊中。当夜，全体百姓都在梦中看到一个面黄肌瘦、遍体疮痍的姑娘跳进清澈的溪水中沐浴后，变得容光焕发，美丽动人。第二日，人们按照梦中的启示到河中去洗澡，立刻恢复了健康，抑制了瘟疫的流行。后来逐渐形成了每年七月初盛大的沐浴庆祝。

在一些节庆活动中还包括藏戏表演，今天，我就想请你看一出传统的民间藏剧，剧情是这样的……”

云卓拉姆

在很早以前，有南北两个相邻的国家。南国国运后来日渐衰微，国王召集大臣们探求原因。有的大臣直言不讳地对他说，这是由于国王的残暴与苛政，招致民心离散，天怒人怨。然而国王不仅没有听进去，反而更加生气了。

“这就是我们下午要看的这出戏，《诺桑王子》的开头部分。故事源自藏译经藏《甘珠尔百事如意藤》中的神话传说。”

一个满肚子坏主意的奸臣对国王说：国运衰微是由于保佑我们的神龙迁到了北国。我们要请厉害的巫师来作法，将神龙拘回我国，我们的国家就会重新兴旺起来。

“因为藏地很少下雨，藏戏都在草地上进行露天表演，比如像现在这样，或是在寺庙的庭院中表演。演出时会在场地上方拉起一大块遮阳帆布为演员遮挡刺眼的阳光。载歌载舞的演出片段是观众们最喜欢的。”

藏剧

这时候，神龙知道大难临头巫师要捉拿它，就变成一个小孩钻出水面，向住在湖边的一位勇敢的猎人求救。第二天晚上，南国巫师来了，在湖的四面八方插下铁柱子，拴上铁丝网。然后在湖内放下毒物和血污秽水，口中念念有词。一会儿，湖水就沸腾翻滚起来，臭气冲天。神龙无法再待在湖中，就冒出水面与巫师苦战保卫自己的家园。最终，多亏一位猎人相助，勒住巫师的脖子，结果了他的性命。

“藏剧剧本只提供一个大致情节，演员可以自由发挥。一出戏可以连演好几天，每天演出致太阳落山方才结束。”

神龙为了感谢猎人，送给他一件护身宝物，并告诉他有了这件宝物他就可以吃穿不愁，但是只有住在山中的隐士知道宝物该如何使用。猎人便高高兴兴地去找隐士，问他自己如何才能像他一样长生不老。隐士对他说自己常在一个美丽的仙湖中沐浴，应猎人的请求，他带着猎人去看了这片明镜般的湖泊，此处鸟语花香，猎人不禁心醉神驰。

“藏剧舞台布置技巧高超，能表现各种场景。飞鸟、白云、鲜花、绿树，所有这些要花费几个月的时间去精心布置。此外，演出时的灯光和声效也很棒。”

日暮时分，湖边出现了七个月亮，从月亮上走下来七位美丽的仙女，她们也来到这片仙湖中沐浴。隐士告诉猎人，她们是乐仙之女，为首的一位叫云卓拉姆。猎人爱上了这位仙女的美貌，欲娶她为妻。隐士告诉他，这是不可能的，需要神龙的捆仙索才能捉住仙女。于是，猎人便找那龙王要了捆仙索，第二晚他又来到了湖边。七位仙女也像往常一样来了，猎人瞅准时机捆住了云卓拉姆。其他几位仙女吓坏了，她们恳求猎人放了云卓拉姆，并对他说，仙女是不能同凡人结婚的，否则就会死去。你若放了她，我们把她脖子上的珍珠项链交给你，这样就能防止云卓拉姆飞走了。猎人同意了仙女们的请求，收下了项链，放开了云卓拉姆。

深得道行的隐士向猎人指出，只有佛的化身，北国贤明仁慈的王子诺桑才能帮助你。你快去见他，将仙女与项链交予王子。神谕上说二人应该成婚，但同时又有劫难。

王子得知猎人与仙女来了便说，这合了我昨日梦中的情形：我手里拿着一束鲜花。他在宫中接见了两人，听完猎人讲述仙女的来历，诺桑向猎人的衷心表示感谢，并对他说：“云卓拉姆是乐仙之女，绝不能同你结婚，否则我们的国家就要有大灾祸了。”此时，天上出现了五色祥云，看着美丽动人的云卓拉姆，诺桑心中欢喜不尽，他封仙女做了王妃，并重重地赏赐了猎人。

等到了藏历八月二十日这一天，王子与云卓拉姆正式举行了婚礼。自此，他把过去的五百嫔妃通通抛到了脑后。他整日整夜地陪着云卓拉姆，二人如胶似漆，形影不离。王子对他心爱的人说：“你的出现化解了我三生三世所有的烦恼与哀愁。”

谁知他们的恩爱缠绵引起了五百嫔妃的嫉妒，她们想除掉王妃，于是去请巫师哈日出主意。那巫师是个心术极坏的人，他想出了一条毒计。他为老国王解梦，告诉国王要去攻打一个遥远的国家，并且必须派王子诺桑前往。王后与云卓拉姆伤心地同王子道别。王子将珍珠项链悄悄交给母后，对她说：“这项链好比是云卓拉姆的翅膀，有了它云卓拉姆就能飞上天去。除非在危难的关头，不然您千万不要放她回天宫。”王子走后，巫师又按照他的阴谋，继续为国王解梦占卜。他告诉国王，这次的梦兆更凶，一场大难即将来临，只有向诸神献上云卓拉姆的心肝才能避祸。王后知道了赶快将项链取出交给仙女，并实情相告要她快走。云卓拉姆接过项链，取下了一半珍珠，要王后等王子回来后交给他。然后就在巫师与五百嫔妃目瞪口呆地注视下飞向了天庭。

再说王子诺桑那边，他率领人马正同妖魔鬼怪奋力苦战。一只乌鸦飞来向他报信儿，要他赶快回国。诺桑赶回祖国，拿到母亲交给他的半串珍珠心中惴惴不安。他决定先去找隐士求教，隐士赠给他一枚戒指，说可以引他找到乐仙的宫殿。王子戴上了戒指，心中顿时充满了勇气与希望，又继续踏上寻找仙女的征程。诺桑下到仙湖中沐浴，个头有如麻雀般大小的蚊子疯狂地向他扑来吸吮他的血。王子想起了隐士的指点，用戴着戒指的手向右挥了三下，又向左挥了三下，大蚊子立刻弃他而去。接着他到了一座小山上，找到了一块散发着耀眼光芒的水晶和一条洁白的哈达。随后沿着一条小径找到了一块灰蓝色的、雕成卧牛形状的岩石，石头后面藏着一枚金印。王子又按照隐士的指点，拾起金印，在卧牛的犄角上敲了几下，从牛的口中就涌出了甘甜的清泉。王子喝过泉水之后，口也不渴了，肚子也不饿了。他继续跋山涉水，来到了有狮子、老虎出没的大森林。然而有魔戒护身，这些猛兽都变得乖乖地没有伤害王子。大森林里盛开着迷人的花朵，而地上爬着一条条毒蛇。诺桑走到了一个岔路口前，该选择哪条路呢？他转了转手上的戒指，一只发着蓝光的马蜂出现在他头顶，带着他找到了正确的路。随后，一头鹿出现了，它自愿做王子的向导。他们来到了一口井前，有三个姑娘正在井边说着话。看到诺桑过来，她们吓得四散跑开了。一个姑娘远远地问他来这里干什么？王子对她说，我在找我的妻子，这里是什么地方？姑娘回答他说这里是天宫，从来没有外人来过这里，从没有过。仙女云卓拉姆从凡间回来了，我们要打水给她洗去尘世上带来的浮土。听了这话，诺桑将手上的戒指悄悄扔进一只水桶中。云卓拉姆在沐浴时看到了戒指，记起了王子，她又惊又喜，心中百感交集，昏了过去。侍女们赶紧去通报云卓拉姆的父亲——乐仙国王。

云卓拉姆醒来见到父亲，便央求他允许自己与诺桑见面。因为王子曾救过女儿的性命，国王无法拒绝。但他只让诺桑与云卓拉姆隔着一层帷幕交谈，他不希望女儿与凡人有过多的接触。云卓拉姆一见诺桑来了，马上掀开帷幕拥抱她的爱人，两人默默抽泣了许久。平静下来之后，诺桑恳求国王让他把仙女带回人间。然而国王提出有好几个王子都来向云卓拉姆求婚，要通过比试，谁胜谁才能娶走仙女。诺桑答应了，来了四个假扮的求婚者。首先比射箭，诺桑王子一箭射穿了三株白杨，还射穿了四头石牛。假求婚者都望尘莫及，乐仙国王也惊呆了，不知该不该遵守诺言。

这时云卓拉姆的母后来了，她建议第二天把仙国所有的少女都集中起来，让云卓拉姆也站在其中。五个王子比抛彩箭，谁抛出的箭离公主最近，公主就同谁结婚。四个假扮求婚的王子抛出的彩箭朝四面八方飞去，却没有一个能接近公主的。而诺桑的彩箭抛出后，刚好落在了云卓拉姆的脚边上。国王这才决定把女儿和诺桑王子一起送回人间，还陪送了许多金银珠宝、骆驼马匹、绫罗绸缎，并一直把他们二人护送到仙湖边上，才告别而归。

诺桑带着云卓拉姆重又回到北国王宫。老国王和臣民们举办了盛大的庆祝仪式，热烈欢迎他们的平安归来。那五百嫔妃和巫师哈日也都受到了应有的惩罚。过了不久，老国王把王位传给诺桑，云卓拉姆做了王后，从此以后，北国人民过上了更加幸福、美满的生活。

万物和谐

“‘我还不能接受你的邀请，我的胸口处还没有准备好一棵竹子呢。’这句话是从学生的西语作文中摘出来的，你瞧，这样的西班牙语句子谁能看懂啊？”

我和老孙望着这个句子哭笑不得。这个学生犯的错误是只译出了中文原文的字面意思，原文的蕴含意义却丧失了。“胸有成竹”这个词是汉语中的成语，成语有固定的结构形式和固定的说法，一般由四个字组成，与一个有趣的故事或历史典故相关。

“胸有成竹”这个成语典故说的是，北宋时候，有个叫文与可的著名画家，特别擅长画竹子。他为了画好竹子在自家周围种满了各种品种的竹子，从早到晚，无论春夏秋冬，无不在细细观察竹子的茎与叶随着时辰的变化、季节的变迁，样子会发生哪些变化。他仔仔细细地研究每一个细节，观察竹子从发芽、生长、繁茂直至凋零、枯萎到最后死去的整个生命过程。竹子的颜色、竹叶上的阴影、叶脉的走向甚至竹干上的裂痕有了哪些细微的变化文与可都掌握得一清二楚。经过这番不懈努力,他才能将竹子画得活灵活现、栩栩如生。

当朝有个著名诗人称赞文与可说:“与可画竹,早已胸中有成竹了。”这就是成语“胸有成竹”的来历。这句成语在汉语口语中经常使用,比喻在做事情前,心里已打定主意,对要做的事情已有把握。

“现在我终于明白学生为什么会写出这样的句子了。”我们两人又一同哈哈大笑起来,这是我和老孙在每周的例会上说起学生翻译练习的话题。

老孙说:“你知道汉语中管皇家码头叫御码头。于是有学生竟然将皇家码头译为‘玉做的马头’。讲西语的人怎么可能懂呢?”

“有个学生创造了一个新的说法,真的可以推广一下。他把词组 cero a la izquierda(无名小卒)错写成了 cerdo a la izquierda(无名小猪),你说是不是更形象?还有些学生发明创造的词,大概可以推荐给皇家语言学院了,比如表达西语中‘小’这个词我就已经在学生那里发现了好几种错误翻译了:chiquititud, enanuera, minusculinidad, pequeñicia……。”

“你听过这种说法吗?‘他每次回答问题时头和头都是道路?’”

“什么意思?我不懂。”

“这也是学生直译的汉语成语——头头是道。意思是说话很有条理。”

“翻译数字时的文字转换似乎更加复杂。我注意到两种语言的数字读法并不对应。学生们都会反复修改,然后又继续犯错。”

“可不是。”老孙说,“尤其是大数的组成表述方式有差异。西班牙语读数是三位一节,而汉语是每一位数字之后都有一个不同的计数单位。”

“更糟糕地是学生会照搬中文的句式结构。”

“我们管这种错误叫 chiñol，意思是中文式西班牙语。比如反复重复主语或者宾语：说了‘虽然’，又加上‘但是’这类的错误。”

“一位中国老师曾对我说西班牙语有时候缺乏逻辑性。他问我为什么西语中写 todo junto（所有在一起）时要分开来写，而写 separado （分开来）时却又合在一起写呢？”

“我前两天碰到个问题，”老孙对我说，“你知道，我刚译完了《酒吧长谈》[4] 这本小说。但中文版的书名我没想好怎么翻译。西班牙语书名中的 Catedral（大教堂）指的是作品中的一个小酒吧，因为离一所真正的大教堂不远而得名。在我看来，大教堂所代表的意义非常关键，无论从其建筑技术还是艺术成就看，大教堂都堪称是西方建筑史上的一座丰碑。而拉丁美洲文学中的‘结构现实主义’小说也因其立体、多层次的宏大结构、巧妙的情节构思以及精心的场景安排而著称。因此西语书名中‘大教堂’这个词也正是在暗指结构现实主义的特点与价值。但是中国文化当中根本就没有‘大教堂’这个概念，如何能不添加注释也能译出原著书名中蕴含的这些意思呢？”

我问：“那你打算怎么办？对这个问题你已经胸有成竹了吗？”

老孙笑了，说：“我有了一棵竹子，但还不那么强大。我想保留书名原文的基本意思，将它译为《酒吧长谈》，不加注释。如果从书的封面开始就加译注，读起来恐怕太累了，对吧？”

后来，我又问起老孙他的名字“家孟”的来历。老孙说：“‘家孟’是孟子的孟，我还有个大哥叫‘家孔’，孔子的孔。我父亲很欣赏中国传统哲学，常给我们小孩子讲一些这方面的小故事。”

孟子说，人之初性本善。只是在外力的影响下，人才会变坏。而告子不同意孟子的观点，他说：“性，犹湍水也，决诸东方则东流，决诸西方则西流。”人性无所谓善不善也，犹如湍湍的急流不

4. 西班牙语原名为《Conversación en la Catedral》

分东西一样。孟子反驳说："水虽然不分东西，但是也不分上下吗？人性的善就如同水总是向下走。人无有不善，水无有不下。你要是去拍打水，可以使它溅起来，高过额头，如开渠引水，可将水引至高山之上。这并不是水的本性，而是情势所迫。人如果变化，也不是他的本性，而是外力作用下不得已而为之。"

一次齐宣王问孟子："什么才是国君的王道呢？"孟子回答说："爱民者才能天下无敌。"宣王又问："我这样一个普通人，能保护人民吗？"孟子说："我听说大王见有人要宰牛祭钟，就命人将牛放了，可有此事？"宣王回答说有。孟子就进一步指出："这件事表明大王有不忍之心，不忍见牛受苦。这就是王道的关键。"

《孟子》是记录孟子言行的一部书，被列为儒学经典"四书"之一。以下这些思想都源于孟子：

君子之于物也，爱之而弗仁；于民也，仁之而弗亲，亲亲而仁民，仁民而爱物。

民为贵，社稷次之，君为轻。

人皆有恻隐之心。

为富不仁矣，为仁不富矣。

仁也者，人也。合而言之，道也。

人的身体有"小体"、"大体"以及贵贱之分。养其小者为小人，养其大者为大人。

得天下有道：得其民，则得天下；得其民有道：则得其心，得其民；得其心有道：所欲与之聚之，所恶勿施尔也。

恻隐之心，仁之端也；羞恶之心，义之端也；辞让之心，礼之端也；是非之心，智之端也。

我说："孟子的思想的确重要，但我想中国渊远流长的历史文化上也再无人能与孔子留下的影响相比肩了。"老孙回答说："的确如此。自公元前 551 年孔子诞辰以来，他的影响在中国文化史上始终未曾间断，延续至今。中国历史上第一所学校是由孔子创办的。

他的思想源于对人性的思考，对人的行为细致入微的观察分析，对外部世界的客观认识以及对人内心世界的深入洞悉，是辩证而灵活的。孔子提出的伦理道德思想的标准是‘礼’。他没有卷入当时权力的纷争，敢于批评由于当权者的野心和贪欲造成的世风日下、人心不古。”

我说：“有一次，有几位中国朋友请我去家里吃饭。客厅墙上挂的书法令我印象深刻，上面写的是：有朋自远方来，不亦乐乎。”

“这句话出自《论语》。这部著作并非孔子所写，是由他的弟子编纂而成。传说孔门有三千弟子，七十二名德才最为出众的贤人，他们记录了孔子及其弟子的思想言行。论语中的名言世代相传，世人皆知。比如：‘吾未见好德如好色者也’‘人无远虑必有近忧’‘三人行，必有我师焉’。”

《论语》中有一部分是孔子与弟子间的对话。比如，有弟子请教孔夫子：有没有可以值得一个人一辈子都躬身奉行的一个字啊？孔子答曰：它就是“恕”啊。己所不欲，勿施于人。

有弟子问：什么是仁？孔子答：爱人。弟子又问：仁者有哪些品德？孔子回答：恭、宽、信、敏、惠，能够处处实行这五种品德就是仁人了。“恭”即庄重，庄重就不致遭受侮辱；“宽”即宽厚，宽厚就会得到众人的拥护；“信”即诚实，诚信就能取信于民；“敏”即勤敏，勤敏就能成功；最后一点要“惠”，即慈惠，以恩惠之心宽厚他人，才能领导他人。

孔子把最基本的人伦关系概括为五种，即：君臣、父子、夫妇、兄弟、朋友。

孔子推崇“三从四德”。“三从”指女子未嫁从父、既嫁从夫、夫死从子；“四德”指妇德、妇言、妇容、妇工。就是说女子第一要紧是品德；然后是言语，要说话得体，言辞恰当；再次是相貌要端庄整洁；最后是懂得治家之道。

孔子说：不知命，无以为君子。不知礼，无以立也。不知言，无以知人也。

学而不思则罔，思而不学则殆。

孔子的弟子在《大学》一书中曾写道：古之欲明明德于天下者，先治其国；欲治其国者，先齐其家；欲齐其家者，先修其身；欲修其身者，先正其心；欲正其心者，先诚其意；欲诚其意者，先致其知；致知在格物。物格而后知至；知至而后意诚；意诚而后心正；心正而后身修；身修而后家齐；家齐而后国治；国治而后天下平。自天子以至于庶人，壹是皆以修身为本。

在《论语》中孔子曾说自己：吾十有五，而志于学。三十而立。四十而不惑。五十而知天命。六十而耳顺。七十而从心所欲，不逾矩。

孔子对待弟子有自己独特的教育方法。对一个懒散的学生，他便斥责说："朽木不可雕也，粪土之墙不可圬也。"他注重因材施教。一次，一个弟子问他："别人有什么好的建议我就应该立即接受，并行动起来吗？"孔子答："你要先去问问父亲兄长，比你更有经验的人。"另一个弟子也过来问同一个问题，孔子却答："你应该毫不犹豫地立刻去实行。"第三个弟子在旁边疑惑不解，问夫子为何给出不一样的答案。孔子回答说："第一个人做事鲁莽欠思考，所以我让他谨慎些，而第二个人性格迟疑，做事缩手缩脚，所以我要激励他的勇气。"

当然并不是所有人都接受孔子的学说，一些思想家对其进行了批判，特别是一些追随中国古代另一位哲学大师——老子的信徒。老子被认为是道家学派的创始人，庄子是老子思想最著名的传承者。庄子曾以嘲讽的态度记述及虚构了多次孔子与老子的会面，其中孔子总在向老子问道求教，而老子则良言教诲。

传说一日孔子去拜见老子，老子正盘腿静坐，凝神寂志。孔子待老子打坐完毕回过神来，便问道："刚才先生好像遗忘了外物、脱离于人世而独立自存一样。"老子说："是的，我是处心遨游于宇宙初始的境域。"孔子谦恭地问："这说的是什么意思呢？"老子说："你心中困惑而不能理解，嘴巴封闭而不能谈论，还是让我为你说个大概。最为阴冷的阴气是那么肃肃寒冷，最为灼热的阳气是那么赫赫炎热，肃肃的阴气出自苍天，赫赫的阳气发自大地；阴阳二气相互交通融合因而产生万物，有时候还会成为万物的纲纪却不会显现出具体的形体。消逝、生长、满盈、虚空、时而晦暗时而显明，每天都有所作为，却不能看到它造就万物、推演变化的功绩。生长有它萌发的初始阶段，死亡也有它消退败亡的归向，但是开始和终了相互循环，没有开端也没有谁能够知道它们变化的穷尽。天地的运动和相互作用乃是万物产生与发展的本源啊。达到这样的境界，就是'至美''至乐'了，体察到'至美'也就是遨游于'至乐'，这就叫做'至人'。"

"既然提到了庄子，我再来给你讲一个和他有关的有趣传闻吧。"老孙又说。

传说庄子隐居苦修，一日闲游山下，见四周坟头林立。他想无论人生前是多么高下不同、尊卑有序，死后的归所却是一模一样，再无回头之路啊。想到这里，不由得心生悲凉之感。

忽然，他发现有个年轻少妇，身着丧服，跪在一座新坟旁，正用一把大白扇子使劲扇那坟头。庄子不免好奇地问她在做什么。那妇人一面手不停地扇，一面哽咽地回答说，自己是个不幸的女子，坟里埋的是自己的丈夫。活着的时候两个人感情甚笃，丈夫死前恳求她，要是改嫁也要等坟干了才行。然而这几日正是多雨季节，这坟始终潮湿，所以自己就坐在这儿扇，让它快点干。

听了此话，庄子目瞪口呆，半晌才说："这个工作可辛苦了。我能帮你做点什么？"那妇人立刻起身，要他走近，然后递给他一把扇子让他扇。庄子此时已得道，便召唤亡灵帮他一起扇坟，坟很快就干了。那妇人很感激他，就将银钗与扇子赠与庄子，庄子只收下了扇子，却没有要银钗。

"我知道庄子的思想是悲观厌世的。但是，我想并不是所有的女子都如他所抨击的那样薄情寡义。”老孙说。

“我们再来说说孔子吧，我听说他非常喜爱音乐。”

“是的，”老孙回答，“孔子认为从一个国家流行的音乐就可以看出这个国家什么样。乐音浮躁吵闹，则人民生活压抑。孔子还认为音乐对陶冶人的性情非常重要。他外出时也总是乐器不离身，甚至饿着肚子弹琴。据说有一次，孔子听到了韶乐的演奏，也就是传说中虞舜时期的音乐，三个月都食不甘味。”

中国古代乐器的分类很有意思，是按照乐器的制造材料进行分类的，可分为八类：“金”类包括钟、铃等；“石”类包括磬；“土”类包括埙、缶等；“丝”类包括琴、瑟等，代表着贞洁与信念；“革”类，主要是各种鼓，这是在战场上用的；此外还有“木”类、“匏”类和“竹”类。

中国古乐有宫、商、角、徵、羽五个音阶。对应五行学说，分别代表思、悲、怒、喜、恐五种情绪。另外，也有古乐十二律一说，相传是上古黄帝令乐官所作。乐官制作了十二根竹管作箫，并以“黄钟之宫”作为基本音。并以他听到的凤凰的鸣叫声来校正十二音。

中国古代传统乐器中有各种打击乐器、丝弦乐器、吹奏乐器以及弹拨乐器。其中最受人喜爱的乐器之一叫琵琶。琵琶属于拨弦乐器，来自游牧民族，游牧人好骑在马上弹琵琶。琵琶能展现丰富多样的情感，因此独奏的记载特别多。我想起了诗人白居易《琵琶行》中有一段是这样说的：大弦嘈嘈如急雨，小弦切切如私语。嘈嘈切切错杂弹，大珠小珠落玉盘。

我说：“仅就目前我所知道的，中国人爱好的音乐非常广泛，包括戏曲音乐、传统音乐、现代音乐、古典音乐，其中也有外国的古典音乐。”

三周前，我参加了一个在南京大学礼堂举行的文艺演出。我很诧异地听到我们西语系三年级的学生赵平平弹钢琴弹得居然那么出色！演出结束后，我去祝贺他，他听到我的赞扬非常高兴，又为我演奏了一首肖邦的夜曲和一首波兰舞曲。“我还会背许多曲目，”他对我说，“我们可以找时间给朋友们开个独奏音乐会。”他告诉我，他的父亲是个音乐家。正是父亲领他入门，多年来支持他学琴练琴，他和父亲两人都是西方古典音乐的发烧友。

四天之后，赵平平和他的父亲来到了我家。和他们父子俩聊天、聊音乐，真是件十分愉快的事。赵平平的父亲身材中等，微微有些发福，脸上的表情一直是平静而和善的。他同我聊起了他现在的工作，他的家庭，说得最多的是他的儿子平平——此刻他正流利地给我们做着翻译，父亲说他对儿子非常满意。聊着聊着，他看到书架上我码放得整整齐齐的磁带，便问我这里有没有巴赫的《d小调托卡塔与赋格》。于是我们一起凝神细听，一曲快结束之时，我转过头去，发现他流泪了。我很震惊，于是对他说他太感性了，而他则告诉我令我更为震惊的事。他对我说：“我已经有将近十六年没有听到巴赫了，这是我最喜爱的作曲家。这么长的时间以来，我一直都想听到巴赫。为什么会这样？我简单给你讲讲。那是在十年文化大革命时期，当时不仅禁止接触西方文化，也反对接触中国古代传统文化。谁要是私藏与之相关的东西，那可是极其危险的。不仅要坐牢，严刑伺候，还要……为了自己和家人的安全我不得不毁掉了所有的唱片、乐谱甚至是乐器。不可能把这些东西藏起来的，你很难想象当时的情形，有时红卫兵就在那些可疑人家的花园里或是周边的地方，花几个星期掘地三尺，查找有没有违禁的物品。一旦发现了什么，那可是有你好受的。

这些年来我是多么想念那些我所热爱过的音乐啊。今天是我这么多年来第一次又听到了巴赫，我再也忍不住就流泪了。请原谅我。”

差不多十天前，我又一次碰到了类似的事。有两个司机朋友，请我去另一个共同的朋友家吃饭聊天。美味的菜肴和饺子下肚后，他们突然拿出了小提琴和琴谱，演奏起了莫扎特的《嬉游曲》。然后，他们又演奏了足有一个小时的古典乐曲。就这段时间我的所闻所见，我想我得做好准备，这类的惊喜可是随时随地都有可能出现啊。

回到了南京市中心鼓楼区，我又碰见了小民老师。“小民，你好吗？”我向她打招呼。“你好啊！吃过了吗？”我知道这个问题是中国人打招呼的一种方式，小民给我讲过。这个问题是不用回答的，所以我们就自然而然地又说起了别的话题。我们沿路走着，来到了鼓楼广场上，突然我被眼前的景象吸引住了。只见在人行道旁一个小小的街心公园内，有二十来个人在缓慢地移动着，脸上的表情都是那么聚精会神，上下肢的动作也是那么整齐划一，这景象格外地宁静祥和。

“你应该早上过来，”小民对我说，“一大清早，就有成千上万这种传统武术的爱好者聚集在公园或广场上某个安静的角落一起锻炼。你会看到好几十位各个年龄层的锻炼者一齐合着平静缓慢的节奏做着动作,这些动作多是模仿各种动物的姿态。练习太极有用剑、用棍的,也有空手做的,有团体的,有个人的,有传统的,也有创新的。很多时候并没有人领操，但是大家的动作都不会错。有时候会看到某个单独锻炼的人在即兴发挥，创造出优雅而高难度的动作形式。完成这些动作需要控制好从头到脚身体的每一个部位，照顾好每一个细节，甚至包括手指的姿势。四肢要保持柔软灵活，目光要注视远方,或看着自己的手。要完成好这一连串流畅的动作、气息的调节、精神与身体的完全放松,仅有兴趣是不够的,还需要常年坚持锻炼。”

“你能告诉我那位女士在干嘛吗？”我指着公园尽头一个角落问小民，“她一动不动，全神贯注地面对着一棵树？”

“她在练习气功。这里的‘气’可以理解为能量、生气或者活力，这些意思合起来同样也指宇宙万物存在的原理，人的生命力，真元之气；‘功’指的是控制调节真气能量的能力技巧，使它能对我们每个人的身体有益。气功分两种：硬气功和软气功。硬气功可以练出非同一般的力量，能徒手劈断铁棍或者举起特别沉的重物；软气功比较柔和，可以作为一种辅助疗法，强身健体。”

“我们人体内有一些精气运行的通路，我们称之为经脉，可以调节机体运行与平衡，有助于有效接受与分配来自人体外部的大自然或宇宙的能量，从而有益于身体健康。气功的原理在于通过调身、调息、调心，适当的运动等锻炼方法打通经脉，使之更有益于能量的接收和运行。”

“练习气功最好对着松树、柏树、杨树或柳树练习，因为这些树木属阳，会散发出一种非常有益的温和的气；而不要对着核桃树、枣树或是灌木丛练习，因为这些植物属阴，除非是身体得了重病。如果是重病之身，这些树的不好的阴气正好可以对抗体内的病毒之气，以毒攻毒，则可回复健康之身。这种控制调节真气的能力会随着修炼气功而越练越强。”

“气功功法分静功和动功两大类，静功就是你刚才看到的那位女士正在练习的。不论是学习静功还是动功，都要把真气通过经脉传送到全身穴位，都要调整气息，身体放松，调整意念达到入静状态，全面控制人体内部机能运转。

我自己也几乎每天坚持练习气功，已经练了好几年了。刚开始的时候，要花很长时间才能调整好身姿、气息和意念，练功必须要排除杂念。怎么能做到这一点呢？他们教给我三个方法：第一种是在脑海中反复默念某几个词，比如，吸气的同时默念‘天地之气’，吐气的同时默念‘消除百病’；第二种方法是心里数着呼吸的次数，从一数到十，然后再重新开始数；第三种方法是只能想一件让人高兴的事。这三种方法我都试过，最后一种方法对我最有效，我能很轻松地驱除脑海中的杂念，达到入静。

大脑逐渐平静下来的过程很有意思。刚一开始，会觉得大脑运转渐渐停了下来。有时，一些念头仿佛突然从脑海中的某个区域跳了出来，但随着呼吸的逐渐加深，这部分区域也停止运转了。大脑仿佛被铜墙铁壁四面包围了，什么想法都挤不进去了。这种停滞感会逐渐延伸到肩颈部位，然而之后四肢便会获得一种难以用语言来形容的畅快美妙的感受。

每次我放松下来，调整气息，保持入静一个多小时后再回到日常生活中时，就会感觉到天比以前更蓝了，云更白了，树木更绿了。我就明白我感知现实世界的能力增强了，与世界的联系更紧密了。后来我还感觉自己越来越心平气和，睡眠和身体都比以前更好了，甚至我的记忆力也比以前有所增强。许多实验表明气功对治疗神经衰弱、胃溃疡、高血压及胃炎等疾病疗效显著。”

“目前气功中最广为人知的两个招式我已经学会。第一个叫站桩，身体要如木桩般扎在地上站稳不动。膝盖微曲，双眼闭合，双臂在胸前曲抱，如同抱一个大球。呼吸要放缓，要深呼吸，身体要绝对保持静止不动，这是为了抑制神经中枢系统活动，加强血液循环，提高新陈代谢的能力。

另外一个招式是白鹤亮翅。白鹤亮翅是由几个动作连在一起做的，这是在模仿鹤的不同姿态：醒来时扇动翅膀、伸展翅膀准备起飞、伸长脖子、舒展双腿。做动作时大脑要平静，但是意识要清醒，才能控制好身体的运动、气息以及内部机体的运行。此时意念必须高度集中，整个身体才能完全解放出来，甚至会本能地做出一些动作。每个人的动作都不一样，有人边晃头边拍打前胸后背，有人会用力甩胳膊或晃动身体，有人晃动着肩膀蹦来蹦去，还有人会边晃头边挥动双臂。练功之人要经过收功动作才能恢复正常活动。

还有很重要的一点就是要集中意念才能得到有益于身体的真气。我自己就亲身体验过，经过长时间的练功后，我会感觉身体一些部位有明显的发热感。而一些气功大师能把他们的精气聚于掌心，传到所需要的人身上去，能够对病人的生理或心理健康起到治疗作用。”

说着说着，突然我们俩人都不约而同地停了下来，只见一位身材瘦削、约有九十多岁的白胡子老者正在专注地做着一系列气功动作。我们默默地站在那里欣赏了很久。他的表情、动作与步伐的移动都是那么气定神闲、动静相宜、容姿潇洒，看得我们屏气凝神，大气不敢出。他的周身仿佛被某种光芒笼罩着，仿佛有种能量控制着他的身体，这种能量就是气吧？是这股气温柔地牵引着他，仿佛一阵微风拂过他的全身四肢，令他沉醉在这心灵深处迸发出的、自由的舞动中。

后来我知道了，无论是这种锻炼身心的气功、中药亦或是中国传统音乐等其他传统事物或活动都暗合了一种世界观，一种理解人生的方法，一门独特的哲学。那就是：与宇宙天地和谐共处，平静而喜悦地接受大自然运行的规律。宇宙星辰的运行法则同人体的运行规律是一样的。人类社会的运行、历史发展的规律也并无两样，万物运行的规律是普遍适用的。人类幸福生活的要诀正是在于顺应自然规律，与天地万物和谐共处。

碧　霞

在这封信中我要给你讲讲与两拨不同的朋友郊游旅行的经历。海德伦和哈拉尔德是两位德国朋友，还有一位是法国朋友让－雅克，都是大学里的老师，他们邀我一起利用三天的假期去山东省的泰山旅行。

在汉语口语中泰山总与庄严、稳重、崇高等意义相关联。比如俗话中常用“有眼不识泰山”来比喻此人见识太少。泰山是五岳之首，乃道教名山，海拔1545米，是中国沿海最东边的山，站在泰山之巅眺望日出的景象最好不过了。唐代曾将泰山封为“天齐王”，宋代封为“仁圣天齐王”，元代加封“天齐大生仁圣地”，而后世朝代又简称为东岳泰山，不再提及其他名号。

泰山的雄伟峭拔，云顶上的壮丽景象世世代代一直激发着人们丰富的想象力。泰山被看做是东岳大帝，是万物之始的神灵，是中华民族的摇篮。人们祭拜泰山之神祈求他保佑子孙繁衍，风

泰山

调雨顺，国泰民安。关于泰山的这些动人的传说以及山顶的美景让我们对泰山充满向往，我们坐上火车准备去一睹它的风采。下了火车来到了泰山脚下的石桥前，眼前的景象让我们吃惊不小：一是上山下山游人如织，二是登顶有七千多级台阶在等着我们。

我们路过一个供奉老子的道观，老子是传说中道教的创始人。相传老子西出函谷关时，在一名守吏的恳求下写下了他的哲学思想，名为《道德经》，而后便飘然离去，不知所终。

我们发现了一个仙龙洞，当地人说这里原来住着一条龙，见了岩石上雕刻的诗文便会下拜以示尊重，后来一位会法术的书画家为龙画上了一对翅膀，龙便飞走不见了。在孔子登临处的碑刻附近，我们见到一座仙子庙，还有一个白驴墓，传说这头白驴驮着一位仙人四处奔波而不知疲倦。看来这山中各种历史传说、趣闻典故还真是数不胜数啊。

我们被川流不息的人群与脚下逐渐展开的美景激励着，继续往上爬。我们爬过一座座山丘，见到了许多石刻碑碣，供奉着掌管命运祸福的各种神仙的庙宇道观，还看到了著名的迎客松，郁郁葱葱的树木与盛开的花朵。越往上走人就越多……我们感到有些疲惫，肌肉开始酸痛。

于是我们进了一个临时搭建的小吃棚，就在一处斜坡的石阶旁。棚里座位简陋，桌上摆着两杯热茶，这种地方跟浪漫可沾不上边。有几个女孩就坐在我们旁边，于是我们热烈地交谈起来。没多大功夫，我们的法国朋友让-雅克就把我们抛下，跟那几个新认识的女孩走了，原因大家心知肚明。后来有好几个星期让-雅克都不见踪影，直到我们最后得知，他同一个在泰山碰见的女孩已经办完手续结婚了。看来，由这宗教圣地——泰山之巅开始一段崭新的生活并不难啊。

在爬过一段极为陡峭的台阶之后，我们通过了南天门，来到了白云洞。在主峰脚下我们终于见到了碧霞祠。这里是人们主要供奉的祠宇，香火旺盛，院内有戏楼，还有好几处供奉着神像、祭坛的道教殿宇。

玉皇庙离碧霞祠不远，铁瓦覆顶。主殿内供奉着一尊威严的玉帝铜像，只见他留着髭胡，两鬓和下巴上也都蓄着胡子，头戴一顶冕冠，冕冠上还垂有一串串蓝色、绿色、红色小珠子串成的流苏。

此时我们脚下展现的景色真是美不胜收。远眺四方是农田、河流、村落、车水马龙，密密麻麻。落日的余晖把整个西面的景色照耀得异常明亮、美丽。孟子说的很有道理：观于海者难为水，游于圣人之门者难为言。我们还可以加上这么一句：登于泰山者难为山啊。

当天晚上我们就在泰山顶上的一个小旅馆过夜了。第二天一大早，我们找到泰山东坡一块岩石突出的地方准备看日出。几分钟后，大约是五点十分左右，东方的第一缕曙光开始露头，四周包裹的黑暗全部褪去了。

一幅巨大的奇景画面正在我们惊异的目光中缓缓展开。环绕着山顶的薄雾逐渐升起，那还未升起的日头的光芒已将我们脚下无边无际、丰富多姿的景象呈现了出来。几秒钟过后，一个发光的红点终于跳了出来，那就是太阳！我们听到耳边突然响起一声欢呼，这才注意到周围竟然有成千上万的中国人正在同我们一道观看日出，此时此刻他们和我们一样，都被眼前这壮美的景象打动了，他们和我们一样正贪婪地登高远望，俯瞰四下的美景。他们不由自主地高声抒发着内心激荡的情感："啊！啊！"这震耳的高喊仿佛是献给大自然的一曲赞歌！

长时间的静默，我们细细品味着日出的过程带给我们的震撼。直到太阳完全升起照耀四方，人们开始陆续往山下走，我们很有默契地等待着人群完全散去才开始下山。几个人都沉默不语，仿佛担心破坏这壮丽的日出景象带给我们的激动人心的体验与享受，我们一步步地从岩石上爬下来，又回到了长长的石阶上。我们又去看了碧霞祠，这次只有我们几个人，之后大家又沉默不语地继续下山。走下几级台阶后，来到一个小小的石头平台上，这是从悬崖上伸出的一个平台。阳光恣意地散在我们的头顶上，青草和灌木丛中露水的芬芳闻起来是那么舒服，这里的氛围适合人静思，令人对生活充满希望与感激。

这时，我们突然发现台阶下方有三个人正在努力地向上爬着。几秒种后看清楚了，来者是三位老太太，全身黑衣，脚很小，双手合十，仿佛正在进行某种仪式。她们走一阶就弯腰下拜一次，头直碰到地面。我们都看呆了，默默地注视着她们。

这三位老太太最终也走到了平台上，她们直起身，舒了口气，笑了。看到我们吃惊的表情，随即同我们打了招呼，微微点了点头，双手合十。我们也模仿着她们的动作，对她们说："你们好。"其中一位老妇人这时从外衣里掏出一包手帕包裹的东西，打开手帕里面包的是几个白白的小馒头。她笑眯眯地像献宝一样，亲切地发给我们每人一个馒头。很快，她们又像来时一样接着上路了，几个瘦削的身影很快消失在了山石背后。

我们努力想要与这周遭的一切融为一体，不愿破坏大自然与人类间这份寂静的联系，于是沉默地接着向山下走，而我们的思维大概还停留在这山中神游吧。

我的第二次旅行比去泰山还要多几天，是在西班牙语系倪、赵、李三位老师的陪同下去的。我们先坐了火车，又坐了巴士，参观了江苏省的农村地区。江苏是中国最富庶的省份之一，历史悠久，风景秀丽。江苏的首府南京，包括苏州、扬州、无锡、连云港——传说中的美猴王孙悟空的老家，是全省最重要的几个城市。

我们这次想和当地村民同住几天，近距离了解农村地区的一些风俗习惯，长长见识。我们的运气很好，与当地人也一直有联系，考察过程很顺利。我们一路聊着，一位老师给我讲了一段他不知从哪本书上看到的有意思的历史故事。这个传说与风水学有关，研究风水可以为各种建筑规划选址。

从前有一名大官去世了，他的两个儿子各自回家，分头去为父亲的坟地选址。在各自咨询过风水大师后，两个儿子挑选了两个截然不同的地方。大儿子说他选的地方肯定能让子孙后代人品出众；而小儿子也坚称自己选的地方能让子孙后代仕途发达。送葬的队伍到了岔路口，究竟去哪个墓地呢？两个儿子争执不下，一直吵到夜深人静，亲友们都累得散去了。

双方谁也不让步，死人就不能下葬，族人只得一起盖了个茅舍暂时存放棺椁。为了维护自己的权利，大儿子在这个地方建了一个房子，雇人看家。而二儿子不甘示弱，也在这里盖了个房子，慢慢地这里就形成了一个村子。几年后，两个儿子也相继去世了，他们的遗孀就决定把之前遗留下来的问题处理掉（很奇怪，在那个社会是由女人来解决男人的问题的），她们决定听从风水师的建议把墓地建在能令子孙仕途发达的地方。后来果真这位大官的一个孙子被提拔为武术教习。

湖泊、白鹅、渔夫；小山、树林；运河、船只、桥梁；梯田、耕牛、鸽子、庄稼、房屋、人，许多的人。

我们进了村子，看见院墙上倒贴着一个字。倒过来写的字怎么念呢？原来这个字念“福”，在汉语中“福倒了”和“福到了”是谐音。这个字倒贴也就意味着福到家了，好像“福”是个任性的孩子，总想到处转转，福字头朝下写，它每次想跑就跑不掉了，就可以永远留在家中了。

我们还发现家家户户的大门两侧都分别贴有一张彩画，有的是手绘的，有的是印制的。画上各有一位古代将士的形象，据说这二人是初唐时的两员大将。唐朝的第二位皇帝杀了自己的哥哥和许多人登基称帝，心中常惴惴不安，夜不能寐，总觉得那些亡魂在纠缠自己。于是便命这两员猛将在自己的寝宫外站岗，不让邪魔进入。后来朝廷上下纷纷效法皇帝，他们将两员大将的形象画在纸上，贴在门上震慑妖怪。随着时间的推移，这个习俗也渐渐流传到了民间。

门神年画

在一户农家的灶房里也贴着一张人像画，画两侧是一幅对联，上句是：上天言好事，下句是：下界降吉祥。而这人像是灶王爷的画像，据说灶王爷负责照管一家人的饮食平安，他是玉帝的三弟。每年农历腊月二十三日，他都会上天与哥哥相聚，并向他报告他所照看的这一家人一年来的所作所为，玉帝会根据他的报告来进行相应的奖惩。因此，每到这一天，家家户户都会在他的像前焚香祭拜，在他的嘴上抹上蜜，让他到天上多说些好话，还用稻草为灶神扎草马，作为他上天的坐骑。这过去一年的炊烟把灶神的像都熏黑了，所以年底会把旧像撕下，代表送灶君上天，来年再贴上一张新的灶神像。

就在这间灶房里，我们还发现了一套很巧妙又经济的燃料获取系统：将一个地下化粪池中产生和收集的沼气用合适的管道引入厨房的灶台里。这样一来，每日烧火做饭的燃气就不用再花钱购买了。

几位村民给我们讲了在墙上贴春联的习俗。在每年春节前，家家户户都要在门框两侧贴上这种写在红纸条上的对联，抒发美好愿望。比如："东风迎新岁，瑞雪兆丰年""天增岁月人增寿，春满乾坤福满楼"。为了图个新年好彩头，甚至在粮仓、畜栏、马厩里也会贴上春联，比如写："春种一粒粟，秋收万颗子""牛如南山虎，马赛北海龙"。

春联起源于桃符。据传说，古时候有棵参天大桃树，这棵树的北端有一根枝干略短，垂到地上形成了一个拱门。玉帝派了两个身材魁梧的神将去把守这道门，若发现有哪个妖魔鬼怪想要通过，两员神将就用粗麻绳将其捆住送去喂老虎，以保老百姓平安过活。于是从那时起，人们就用桃树叶拼出两员神将的形象，并在门上画一只猛虎来压邪驱鬼。后来由于冬天很难找到桃树叶，人们就用桃木板来代替桃树叶，在上面刻上两位神将的形象，悬挂于门两侧来避邪。再后来做桃符的工序更简化了，直接在桃木板上写上门神的名字和一些吉祥话语。这便是春联的由来了。

我们看到在好几户人家的正房中心，北面靠墙的位置上都摆放着神坛，供奉着祖先牌位，牌位前放着香炉和蜡烛台。牌位上写着先人的封号和姓名，按家族成员辈分排序。每年有一些固定的日子要祭拜祖先，征求他们的意见，祈求他们保佑。民间认为，逝者的亡灵会来到这牌位上，尤其当摆放好祭品之后。人的一个肉身可以有三个魂魄：一个魂居于家中的牌位上；一个魂躺在墓地里，墓地风水好则亡灵居住安然；还有一个魂，可能在天上享福也可能下地狱受苦，要看他生前的所做作为。家里牌位的多少可以反映这家人对祖先的重视程度。

有一天在丰盛的晚餐后，我们同几个村民闲聊起来，气氛非常热烈。有人出了个主意，教我们玩行酒令的游戏。于是大家拿出杯子和酒，向我们解释玩法和规则。我们两两一组，要有节奏地唱一个曲调，歌词没有规定，可以按各人喜好来唱，而唱到某个时候，两个人就要同时出右手，可出拳或伸指，同时各喊一个数字，猜中双方指数之和者胜，可以罚猜输的人喝一杯酒。还有一条特殊规则：如果哪一方说的数字明显不合理，小于他自己出的手指数或是喊出十以上的数字，说明这人醉了，那还要再加罚一杯酒。这种猜拳游戏显然非常适合在酒馆里或者人多热闹的时候一起玩，气氛很快就能带动起来。而且在酒精的作用下，大家都开怀大笑，席间不乏妙语连珠，其乐融融，特别能够增进彼此间的感情，这点我们的亲身经历完全可以证明。

既然要玩猜拳游戏，在座的好几个人便开始教我中国人是如何用手指比划数字的。一是竖一根食指，其他手指攥拳；二是竖食指和中指；三是竖中指、无名指和小指，而拇指和食指捏成一个圈；四是大拇指弯曲，其余四指伸出；五是五个指头都伸出来；六是伸出拇指和小指，其余手指弯曲；七是拇指、食指和中指的指肚捏在一起，剩下两指弯曲；八是伸出拇指和食指；九是模仿数字 9 的样子，食指弯曲如勾状，其余手指攥拳；而十有好几种比划方式，一种是两只手的食指交叉，成一个十字架形；第二种是一只手的食指和中指交叉，这两种方式都是在模仿汉字“十”的写法，就像一个加号。另外，还可以用攥拳头或是伸出右手手掌，正反翻两下来表示十。一个老师还教了我们一个现在流行的手势，就是面带微笑地将双手食指挨近轮转，这个手势表示找钱。

到了白天我们又参观了农场、菜园、庄稼地和其他一些我们感兴趣的农具设备。比如水车——是一个巨大的带水桶的轮子。水车轮上部安着座位，供人足踏使轮子转动，就能将水从地势低的农田抽到地势高的农田灌溉了。参观完毕，我们满心期待着晚上继续与老乡们谈天说地。

一个新认识的农民朋友给我们讲了这样一个故事，说从前朝廷有个官员，养了一只很漂亮的猫，给它取名叫“老虎”。一日，他和几个朋友说起这只猫，其中一个人就问他：“老虎是很老厉害啊，但是龙更厉害啊！你怎么不给它起名叫‘龙’呢？”另一个朋友接过话茬说：“龙是比老虎厉害啊，但是龙要想在空中飞行，那得有云彩把它托住了才行。所以云比龙还要厉害，为什么不叫它‘云’呢？”第三个朋友赶紧说：“风不是一下子就把云吹散了吗？要是我就叫它‘风’。”第四个朋友也抢着说：“风要是碰上道石墙，那不是也会被挡住吗？应该叫它‘墙’。”最后一个朋友说：“墙的确能挡住风，但是墙也禁不住有老鼠打洞啊。老鼠打了洞，墙就该倒了。应该管你的猫叫‘老鼠’。”这个大官听了，慢慢摇了摇头，问他的朋友们：“那么老鼠的克星又是谁呢？我还是叫它‘猫’吧。”

在农历新年（也就是每年冬至后第二个新月日）的年夜饭上，人们会吃饺子，并在其中一个饺子馅里包上一枚硬币，谁吃到这枚带硬币的饺子，新的一年就会交好运。年夜饭上也会有鱼，因为鱼和“余”谐音，代表着年年有余的意思。人们也常吃丸子，因为丸子的形状是圆的，谐音象征着家庭团圆。

当时钟的指针指向12点整，农历新年来了，人们会涌向屋外燃放烟花照亮寒夜。这个习俗与一种传说中的怪兽有关。据说这怪兽比骆驼还高大几倍，异常凶猛，经常吞食牲畜和人类。因此天神将它囚禁在山中，只在大年三十晚上才将它放出。在与这种怪兽的搏斗中人们发现它最害怕火光、炸响和红色。于是，他们就点燃火堆，击鼓放炮，并在门上贴上红纸将怪兽吓跑。

剪纸是一门技艺精湛的传统手工工艺。剪纸成品可作为装饰品贴在窗玻璃上、门上，此外还有其他一些用途。村民当中有一个人就是专业的剪纸师傅。他给我们展示了自己的工作台，台上摆着各种不同角度的刻刀、各类剪刀和红纸。只见他像变戏法一样一眨眼功夫就剪出了兔子、鸽子、菊花和竹子，既不用模板也不画草图，所有这些东西就自动从他手中变了出来，或者更准确地说是从他的心里变了出来。他说从小他的妈妈就教他练习剪纸的绝活，这是他的外祖父传给他母亲的，母亲又传给了他，这样世代相传下来。

说到传统婚俗，属鸡的男士与属龙的女士是否相合呢？是不是该找一位属鼠的女性更好些？属相婚配既有相合也有相冲。两人属相不合就不能成婚，这是约定俗成的规矩，大家都默默遵守。传说中还有一位神秘的月下老人，用看不见的红线将两个刚出生的小儿系在一起。待两个人长大后，冥冥之中就会相互吸引结为夫妻，这种缘分可是谁也逃不掉的。

旧中国一个男人可以同时有一个明媒正娶的元配和几个妾室。妾的地位低于正室，处处要听正妻的吩咐，不得逾矩，正妻甚至有权把妾休掉。然而如果正室没有子女或是只生了女儿，而妾室生的是男孩，那妾室在家中的地位就可以盖过正妻了。

婚礼当天，新郎会和朋友们一起到新娘家接亲。按习俗，大家是不会马上给新郎开门的。新郎要给守门的人塞钱才能进去接新娘。婚礼正式开始，旧时新娘通常是不参加喜宴的，而是在洞房里等着新郎进来。新郎进了洞房才能掀起新娘脸上的盖头，许多新婚夫妻这才第一次见面。旧时的婚姻是没有感情基础的，主要是出于经济或政治上的目的两人才结合在一起。先是由媒人牵线搭桥，媒人多是妇女。由她来负责合二人的八字。生辰八字是指人出生时的年、月、日和时辰，每个数据用两个字来表示，所以叫八字。如果两人八字相合，接下来双方家庭就会约定时间见面，下聘礼。

有人给我们讲了个成语故事，是与说媒的习俗相关的。一个瘸腿的青年到了婚配年龄想找一位貌美的姑娘成婚，就去请媒人帮忙。而一个鼻子长得不好看的姑娘也想嫁给一位英俊少年，她也求了这个媒人。媒婆就建议青年骑马去与姑娘相亲，而建议姑娘手持一朵花假装嗅闻，这样双方都掩盖了自身的缺陷。二人果然一见钟情，直到婚礼时才发现彼此的缺点，也只得无可奈何地匆匆完婚了事。

一个村民对我们说：“我小时候，父亲会用硬纸板剪出一些人物或顽皮的小动物的形象，等到了晚上他就点上一盏煤油灯，将这些剪影投影在一块白布帘子上。他则在帘子后面模仿这些人物或动物的声音进行表演。我和弟弟都特别喜欢看这种影子戏，我们还会同这些影子讲话，好像他们都是真人真物一样。这就是我小时候最早看到的中国皮影戏了。”

皮影戏的幕布是一块绷在框架上的白布。皮影人偶是用兽皮上色制成的，制作工序复杂。为了让皮影各个部位动作灵活，一个皮影人形体由多个部位缀结而成，有多个关节。表演时需要在人偶四肢装上又细又长的竹签来操纵皮影，这样人偶就可以在幕布后面表演和移动了。表演皮影戏时有两个或几个艺人在幕布后面同时操纵皮影人的动作，幕布后高处的光源将剪影投影在幕布上，坐在幕前的观众就可以看到彩色的灯影表演了。

仙鹤、青蛙、燕子、花鸟这些动物小孩子们最愿意看，除此之外，沙场英雄、王侯将相、刀枪剑戟、战马坐骑、金銮茅舍、山水庭堂……种种情形皮影戏同样可以表现，可以说是囊括古今，包罗万象。皮影演出中可以用音乐、声效来给皮影人配音。变换场景、色彩时可以配以烟火技效、乐器伴奏、人声表演等方式来完成。

由于皮影的形象不可能清晰地在观众面前展现，所以叫影子戏，制作和表演时需要夸张影子的一些面部表情。比如说眼睛，就占了脸的大半部分，这样表现力才丰富。在表演《西游记》中的一幕时，有一个会武功的影子妇人手里拿了一面镜子，可以清楚地照见她的脸。当她想掩藏身份时，就用另一只手在脸上这么一抹，白脸变成黑脸了，而镜子中的脸也同时变样了。

在春节期间或是农历七八月份农忙季过后，时常会看到乡下的皮影艺人带着道具箱子挨个村子去演出，给男女老少们带去一份节日的欢乐。

在回程的火车上，车窗边掠过无数景物，老师们还在一起畅谈着。我们喜欢村子里的这些民俗传统、手工艺术、节日习俗；我们惊异于村民们淳朴而积极向上的世界观，还有他们对于人生

剪纸

和社会的看法；我们关心他们的未来，他们与现代技术、现代社会的沟通交流。我们都一致赞赏这些农民身上流露出来的那些宝贵的人性品质：自然、热情、慷慨、重视家庭劳作、重感情、性格开朗乐观。致力于生产的和平生活，这对我们每个人来说都是宝贵的一课，不然，我们穿的衣服、我们吃的粮食都是从哪来的呢？这一课教给了我们像他们一样简单、热情、坚强、幸福地去生活。

是福是祸？

“纳西族？等我旅行回来可以告诉你一些我所了解的情况，可现在我没时间了，只能先同你告别了。”

同我讲话的这位是罗萨里奥，乌拉圭人，研究人类学的学生。她会讲中文，从十二岁就开始学习这门语言了，对中国文化的许多问题她都非常着迷。

“那么这次你要去哪呢？”我问。

罗萨里奥从书包里掏出中国地图，指着南方靠海的一个省份对我说：“去福建，与一些老师和学生一起去。大概去十五天左右。需不需要帮你带点什么？”

“我有个想法。听说这个地区还保留着一些占卜的传统，也就是古老的预测吉凶祸福的方法。你要是去哪个庙中发现某种特殊的占卜仪式，也许很方便就能知道……”

“这主意不错！我还真没想到旅行时还可以有这种活动。等我回来咱们再聊！”

这是在小孩子的百日宴上我与朋友们聊起这个话题。几周以前，我去几个朋友家参加了这样一次温馨的家庭聚会。在中国有些家庭还保留着给初生一百天的孩子举行庆祝仪式这一传统，这是和亲朋好友们相聚的好机会。

在百日宴这一天，大家相聚在一起，吃饭、喝酒、聊天。还会找一个适当的时机将各种小品物摆在桌上，让孩子去抓：一台小收音机、一本书、一顶帽子、一只鞋……与未来职业相关的各种东西都可以放在一起。孩子会安静地观察一会，然后必须自发地——这点非常关键——拿起他感兴趣的那样东西，这也就暗示了他未来职业的发展方向。而大人们就开始解读这样东西的含义，为孩子的未来祝福和干杯。

我们正聊着关于百日宴的习俗，一个朋友给我看了关于“篓”的一系列解释。其他朋友也开始给我讲各地不同的说法。下面我就只能记录第一个朋友所说的版本了。

“篓”指的是手指间的指纹线路是一圈套一圈的，形状像个竹篓。民间说人的十个手指间的指纹有两种，一种是闭合的圆圈，一种是不闭合的圆圈。预测孩子的未来，只要数数手指头上有几个篓就知道了：一篓穷，二篓富，三篓开当铺，四篓拾狗粪，也就是务农；五篓卖豆腐，意思是做小买卖的；六篓早死；七篓磨刀，意思是杀人放火；八篓害父母；九篓骑白马，意思是做大官；十篓霸天下，是最幸运的。这个话题让大伙都顿时兴奋起来，大家都纷纷开始数自己手上有几个篓，看看预测得准不准。

在座一位女士又说起小儿剃头的吉日。按照她的说法：阴历初三欢喜，初四富贵，初五饮食，初七大吉，初八长命，初十职禄，十一聪明，十五远行，十九吉庆，二十六祥瑞。另外一个人说到了头上的发旋。一些说法并不确定，只有一个我觉得挺有意思。

她说有个老太太看到一个刚出生的小孩头上的发旋就说：这孩子两个旋儿，一前一后，上辈子准是头牛。

这个话题还在继续，一位老师说到曾在一本古书中读到用铜镜占卜的方法：先将一面铜镜放入锦囊中，面向灶神祝祷，然后出门，诵七言咒语，记住此时耳边听到的话。之后闭目再走七步，开眼照镜，结合之前听到的话，即可预测未来，非常灵验。

中国的占卜文化源远流长，别忘了中国历史上第一本书—《易经》，就是占卜用书。《易经》已有三千多年的历史，据说在成书之前还有相当长的口头流传时期。早在远古时期，中国人就开始用兽骨和龟甲来预测吉凶。用龟甲占卜就是先在龟甲上凿出小孔，然后将龟甲或兽骨丢到火里灼烧，根据烧出来的裂纹走向判断事情的吉凶。

古人的预测之术还包括观察风云变化、日月星辰的位置、蓍草占卜、阴阳五行种种办法。公元前六世纪成书的的《诗经》中收录约有三百首诗歌，其中一篇就提到了可以用来占卜的蓍草，花开有粉色，有白色。原文是这样说的：

> 乘彼垝垣，以望复关。
> 不见复关，泣涕涟涟。
> 既见复关，载笑载言。
> 尔卜尔筮，体无咎言。
> 以尔车来，以我贿迁。

三个星期后，我与罗萨里奥又见面了。她风尘仆仆地出现在我面前交给我一张纸：“我记着你交代给我的事。我去了一个庙，经过一个很简单的仪式：鞠躬行礼、烧香祝祷之后抽了个签，又和一个僧人聊了聊就结束了，整个过程也没几分钟。我把那僧人给我解签的纸条给你带回来了。他和我解释了签文的意思，但我什么也听不懂，因为他说的是方言。这张纸条我都还没来得及看呢。”

我找来字典和朋友帮忙，想要一起弄明白这纸条上的意思。首先，我们发现抽签的运气分九个等级，每个等级都是两个字，最好的签是上上签，其次是上中、上下；中上、中中、中下；下上、下中，最差的一等是下下签。令我们吃惊的是罗萨里奥刚好求了个下下签，签文是关于感情方面的：

何劳鼓瑟更吹笙，寸步如登万里程；
彼此怀疑不相信，休将私意忆浓情。

于是我留下了这张不吉利的小纸条，什么也没对罗萨里奥讲，因为我听说她和一个广东小伙子的恋爱之路确实不顺。

几天之后我再次遇到我罗萨里奥。我们在一起吃饭、聊天，我又向她问起纳西族的情况，她之前说旅行回来讲给我听的。

“纳西族人口很少，大约有三十万人，主要分布在云南、四川和西藏地区。祖先是藏族游牧民族，后来放弃了牛皮帐篷中的生活，

纳西族青年盛装演绎《印象丽江》

定居在青藏高原的周边地区。根据神话传说，他们共同的祖先多巴神产下了神蛋，而他们是从蛋里出生的。

纳西族信仰万物有灵，崇拜山神、风神、水神、火神，认为自然物质皆有灵性。纳西人能歌善舞，传统歌舞形式十分丰富。更令人称奇的是他们有自己独特的象形文字，用生动的图画来记录事物。

纳西族的婚姻家庭制度特别有意思。通常家里是由女性做主，掌管经济大权。男人负责照看孩子、料理花草、洗衣做饭。而女人在田里劳作、盖房子、干粗活。婚姻制度有三种形式：第一种是正式婚，这种婚姻是稳定的；第二种是同居婚；第三种是走婚，最后这种最为奇特。男女双方都各自住在自己家中，只在夜里才住到一起，第二天一早就各回各家了。有了孩子就归母亲，父亲不必负任何责任。这种结合通常不稳定，也容易发生意外的情况。比如：姐妹俩共侍一夫，或兄弟俩共享一妻。

纳西族东巴文字画

一个纳西姑娘通常有六个丈夫，也叫“阿柱”。要是她长得漂亮，再多的丈夫也是有可能的。但是不能同本族家庭成员通婚。长得丑的姑娘不用说，可能一个丈夫也没有。而如果是漂亮姑娘，不仅选择众多，家里还专门留出一个房间来接待走婚的男子，这样的女性在纳西社会的地位非常高。想解除这样的婚姻关系也很方便。女方如果打算结束婚姻，就把男方的东西往外一放，关门不见就行了。而男方想什么时候结束也可以自己决定，把自己的东西从女方家搬走就可以了，连打招呼都省了。男女双方都不会为此感到伤心难过，因为上段婚姻的结束往往就是下一段关系的开始。分手的理由有很多：没送礼物啦，性格不合啦，经常不见面啦，妈妈、姨妈或其他母系家庭成员的反对啦，身体不好啦……种种原因都可能使婚姻走到尽头。

纳西族还是以外祖母、母亲和女儿为家庭核心的社会。一个家族的兴衰荣辱都取决于女性，家庭财产也由女儿来继承。纳西人有句俗语：男人虽然重要，但没有了女人就像河没了水，要断流的。如果一个家庭只有女孩，没有生养女孩，可以领养一个，程序很简单：只要送礼物到孩子多的那一家去讨个女儿。如果那家人也同意，就可以举行仪式祭拜祖先，然后两家人再一起吃顿饭。被收养的女儿会有一个新名字，与其他家庭成员享有的权利和应尽的义务是一模一样的。养女成年之后甚至可以当上一家之主，负责安排与生产、生活相关的各类活动。

每个家族的首领都是一位年富力强、德高望重的女性。吃饭时大家围坐在炉火旁，等待着她分发给每人一份饭食。女首领还负责规划生产活动、分配任务、管理财务、处理家庭纠纷、组织宗教活动。她并没有什么特权，做重大决策前需要征求全家人的意见。除此之外，女性族长还要从家中女孩里挑出最聪明、最有能力、亲和力最强的那一个来做自己的接班人，这个女孩并不一定是自己的亲骨肉。

“你对我所讲的这些有什么看法？”罗萨里奥冷不丁向我发问。“我想这是一种母系氏族社会，”我谨慎地回答，“还是女性最有发言权吧。你怎么看待这种婚姻家庭制度呢？”罗萨里奥笑了：“我和大多数听我说起纳西文化的女性态度一样，我们都认为这是最好的一种社会模式，应该被全世界当做典范。”“哈哈哈哈”我们的笑声在学校食堂里回荡着。一些学生好奇地看向我们，想知道什么事情让我们如此兴奋。我们还有点空闲时间可以继续聊天，我赶紧又问了罗萨里奥一个问题：“咱们换个话题，你知道哪些和预测吉凶祸福相关的传统吗？”

“古人认为人的命运、气质秉性，包括人与人之间是否契合，从一个人出生的年、月、日和时辰上就已经注定好了，这就是人的生辰八字。有重大计划前都要算一下生辰八字。比方说婚姻，如果两人的八字不合，那结婚就完全不可能，想都不用想了。古代许多文学作品中都提到了这一习俗，以及由它所引发的悲剧或戏剧性结局。

另外，农历也非常重要。自古以来，中国社会就一直以农业为基础。农业生产活动必须依据天气和季节来安排，因此古代非常重视历法，历法的社会影响也很大。中国文化的核心思想之一就是认为自然规律与道德原则是内在统一的。因此一国之君既要懂得治理社会也要掌握自然运行的规律。历法是为一年生活制定计划、指导劳动人民农耕活动的权威历书，是全社会上下笃信的、国家社会生活发展的支柱。皇帝，也被称为天子，会组织专门的占星师和风水师研究天体运行以及人依据天象应从事的活动。每年农历二月初二，是传说中龙抬头的日子，皇帝会亲自颁布新一年的历法，在古代历法的印制和售卖是被皇家垄断的。

我曾经有本黄历，也就是皇家历法的意思。上面标注了每天的吉凶宜忌，包括：祭祀、嫁娶、出行、动土、修造、栽种、订盟、打井、访友、剪发、沐浴、开池、挂账、扫房、开张、伐树、入学、洗头、起基、诉讼、安床、针灸、饮酒、洗头、结网、开渠……各种活动五花八门，应有尽有。

黄历糅合了公历（太阳历）和阴历（月亮历）的计时系统，是一种阴阳合历。中国古人最早只把一年分为两季：春季和秋季，用春秋二字合指一年。编年体史书的名字《春秋》就来源于此，春秋二字也被用作代指这段历史时期。”

“传说佛在升去西天之前，曾召集所有的动物来开一个告别大会。共有十二种动物参加了这次集会，为了感谢它们的参加，佛就决定用这十二种动物来代表十二年一个轮回。每一年用相对应的动物来命名，农历新年的第一天就是春节了。十二生肖的排序是这样的：鼠、牛、虎、兔、龙、蛇、马、羊、猴、鸡、狗、猪。运气的好坏取决于这一年的生肖与本人生肖之间的关系是怎样的。我这里有一份完整的，按照中国古代纪年法每六十年一循环，从1864年至2043年总共一百八十年的十二生肖属相年份对照表，你看：

鼠	1864	1876	1888	1900	1912
	1924	1936	1948	1960	1972
	1984	1996	2008	2020	2032
牛	1865	1877	1889	1901	1913
	1925	1937	1949	1961	1973
	1985	1997	2009	2021	2033
虎	1866	1878	1890	1902	1914
	1926	1938	1950	1962	1974
	1986	1998	2010	2022	2034
兔	1867	1879	1891	1903	1915
	1927	1939	1951	1963	1975
	1987	1999	2011	2023	2035
龙	1868	1880	1892	1904	1916
	1928	1940	1952	1964	1976
	1988	2000	2012	2024	2036
蛇	1869	1881	1893	1905	1917
	1929	1941	1953	1965	1977
	1989	2001	2013	2025	2037

马	1870	1882	1894	1906	1918
	1930	1942	1954	1966	1978
	1990	2002	2014	2026	2038

羊	1871	1883	1895	1907	1919
	1931	1943	1955	1967	1979
	1991	2003	2015	2027	2039

猴	1872	1884	1896	1908	1920
	1932	1944	1956	1968	1980
	1992	2004	2016	2028	2040

鸡	1873	1885	1897	1909	1921
	1933	1945	1957	1969	1981
	1993	2005	2017	2029	2041

狗	1874	1886	1898	1910	1922
	1934	1946	1958	1970	1982
	1994	2006	2018	2030	2042

猪	1875	1887	1899	1911	1923
	1935	1947	1959	1971	1983
	1995	2007	2019	2031	2043

解读生肖运程还须配合五行相生相克的关系来看。五行即宇宙中的五种基本元素：金、木、水、火、土。依据自然界变化发展的规律，木生火，火生土，土生金，金生水，水生木，这是五行相生的关系。五行相克即与相生关系相反，互相制约的一种联系：火克金，金克木，木克土，土克水，水克火。

前面所说的古代纪年法叫做干支历，是由十天干和十二地支两两相配得来的，共六十个单位，所以是六十年一循环。有记载使用的干支历可以追溯到公元前 837 年，因此可以推算出今年我们正处在第四十八个循环上。干支历可以用来纪年、纪月、纪日和纪时，但是计算很复杂。”

“最后再给你说说《九九歌》吧，你听说过吗？这个歌诀很简单。古代农历有二十四个节气，第二十一个节气对应的是冬至。九九歌就是用民间谚语来计算冬天的时日。以九天时间为一段，一直到第九个九天，也就是“九九”。我想这种“数九”的方法可以帮助人们挨过漫长的冬季才形成了歌诀。《九九歌》是这么说的：

> 一九二九，不出手；三九四九，冰上走；五九六九，沿河看柳；七九河开，八九雁来；九九加一九，耕牛遍地走。

一九是从冬至日那天算起，也就是12月21日，九十天之后春天到来，因为九九后面还要加一九冬天才算结束。”

几个星期后，放寒假期间，也不知道算是第几个九的时候，我终于得以了结心愿，去了福建。我想亲眼去庙里见识一下占卜预测的过程。在火车上我和好几位乘客交上了朋友，几个人在一起聊天。有人就给我讲了一个和成语“塞翁失马”相关的传说。

说靠近边塞居住的人中，住着一位老人，大家都叫他塞翁。一次，他唯一的一匹马丢了，人们都为此来宽慰他。那老人却既不伤心也不着急，对大家说：“是福是祸，谁知道呢？”没过多久，那匹走失的马竟然又带了一些马回来了，人们都来祝贺塞翁。但那老人也没有显出半点高兴，说：“是福是祸，谁知道呢？”又过了些日子，塞翁的儿子骑上一匹马外出，结果从马上掉下来摔断了腿。人们又来家里安慰老人，但那塞翁还是说：“是福是祸，谁知道呢？”不久之后，边塞燃起了战火，青壮男子都必须从军打仗，后来全部阵亡。唯有那塞翁的儿子因为腿瘸的缘故免于上战场，他的余生过着平静而幸福的生活。

一到泉州我暗自诧异，这里和我之前想象中的典型中国小城镇的样子简直一模一样，凸显着历史沧桑与生命的跃动。街上人声鼎沸，商铺鳞次栉比。沿着主干道走下去全是门面房，各式各样的玻璃橱窗，里面展示的商品应有尽有，连大街的拐角处都开着商店。真可以说是一个生机勃勃、开放的大市场。这里就是泉州，一座小城，特产蜜饯。然而在古代泉州曾是整个东方世界的第一座港口。

我信步游走在这令人遐思的街市上，感受着扑面而来的商业气息。店铺门前人行路和车行路的高度一样。街上几十辆无声的自行车来来往往，而街道两旁的商家在变着方儿地推销着琳琅满目的商品。我继续向前走着，这里给我一种似曾相识的感觉。一抬眼，我看见前面一座正在整修的清真寺。一块牌子上写着：建于十一世纪。又过了一座精致的小桥，啊，惊喜出现了！面前就有一座小庙——承天寺。

寺庙的前院规模中等，有专门卖祭祀供品的商店。大殿后面并排设立着好几座佛坛，而信众们将水果和馒头都供奉在第一座佛台上。左手边的一扇门外是一个石铺的院子，院里有一个大炉子。人们正一叠一叠往里面地塞纸钱，这些都是为家里的祖先烧的。纸钱是红色的，上面印着金色的佛像。纸钱的一侧装订在一起，就像一本小册子，信徒们把每一页的一个角都向里折起，这样看起来就像是一朵红色的大纸花。

纸钱烧完后开始放鞭炮，据说这样可以吸引亡灵的注意。放完炮大家又走向最中间的佛坛，在菩萨面前双膝下跪，拜了几拜。然后起身点燃了佛坛前插着的香柱，接着又重新跪下，默默祝祷了几分钟。

起身之后，他们要征得看护佛坛的僧人同意才开始占卜吉凶。而这时候须在心中默念占卜的具体问题，比如：婚姻、生子、出行、生意、健康、学业等，并同时祈求祖先在天之灵的帮助。僧人同意之后，问卜者就面向这座佛坛，跪在一个小垫子上行礼，这时前额要碰在地上磕三下才行。接下来僧人会交给问卜者一个大签筒，里面装有标着从一到一百号的竹签，让问卜者摇签，直摇到一支签从签筒中掉出来为止，这支签会被放在佛坛的神案上。下一步要从神案上拿起两块用竹根部削成半月形的筊杯，往地上一掷。如果掷出两个正面或两个反面，表示神明不认同前面摇签的结果，整个仪式都要重新再来一遍。如果两块筊杯掷出后是一个正面一个反面，表示神明认同了求签结果。僧人就会将摇出的竹签拿走，另从一本书中取出一张与求到的签上编号相同的小纸片，向问卜者解释签文的意思，问卜者要给僧人一些布施。最后问卜者可以把这张小纸片带走做护身符。

信徒们在临离开寺庙前，要把他们供奉在佛坛上用做祭品的食物带走，这表示与祖先共同分享了大地馈赠的果实。学会了整套仪式之后，我自己也恭恭敬敬地亲身参加了两次这样的问卜仪式。第一次我求到了第四十八签，这是一支中签。签文如下：

登山涉水正天寒，兄弟姻亲那得安；
幸遇虎头人一唤，全家遂保汝重欢。

第二次我求到了第七十一签，签文是这样的：

喜鹊檐前报好音，知君千里欲归心；
绣帏重结鸳鸯带，叶落霜飞寒色侵。

后来，我突然冒出个主意，我去庙里找了那位看起来像负责问卜求签的女士说我想要最好的签，并给了她十元钱。这位女士毫不犹豫地拿出了对应第一签和第一百签签文的小纸片给我。第一签上的诗文是这样的：

巍巍独步向云间，玉殿千官第一班；
富贵荣华天付汝，福如东海寿如山。

而最后一签，第一百签，不光是上上签，更是所有签中最好的一签，签文上说：

我本天仙雷雨师，吉凶祸福我先知；
至诚祷告皆灵验，抽得终签百事宜。

离开了庙里，我还在回想这次奇特的求签经历。突然脑子里闪过《塞翁失马》故事中那位智慧的边塞老翁所提出的问题：是福是祸，谁知道呢？

八音涧

“你快看，那边有鱼在游呢，鱼的生活多么悠闲自在啊！”

一旁的朋友听了奇怪地问：“你不是鱼，如何知道鱼的快乐呢？”

庄子凝神望着湖面，过了几秒钟说：“你不是我，怎么知道我不知道鱼的快乐呢？”

朋友听了，更诧异了，他思考了一会，又反驳说：“我不是你，自然不知道你的感知，这没错。但你也不是鱼，所以你也不知道鱼的快乐呀。”

庄子回答说：“你方才不是问我‘你不是鱼，怎么知道鱼的快乐呢？’这句话，就是说你已经知道了我知道鱼的快乐，所以才来问我。那好，我告诉你，我是在这座桥上凭栏而望，方才看到的。”

故事讲完了，我们两人都笑了，但随后又陷入了长时间的沉默，一同欣赏着雪香云蔚亭外的美景。整座园林都仿佛在湖水中流动着。

我现在是在苏州，这座城市素有园林之城的美誉，始建于公元前六世纪。市内水渠纵横，河网密布，河上石桥多达六千余座。苏州城墙开有八座陆门与八座水门，各色园林有二百六十余处。一些园林的名字听起来就格外令人神往，比如网师园、狮子林、怡园、听枫园、退思园等。还有一座“沧浪亭”，筑于公元十一世纪，是以《楚辞》中渔夫的一句“沧浪之水清兮，可以濯我缨。沧浪之水浊兮，可以濯我足”中的“沧浪”二字来命名的。

给我讲庄子“子非鱼”这个故事的人是袁方，他是几年前我教过的学生。还记得吗？我曾给他起过一个绰号叫“小说家”。袁方现在工作了，在苏州做导游工作。这次我有福了，他知道我要来苏州，就向领导请了假，我在苏州这三天时间里，由他来专门陪同我。

我们现在所在的园林是拙政园。明朝时的御史王献臣仕途失意归隐苏州后买下了这处宅院，每日侍弄园子里的菜地维持生计，因此他将此园取名“拙政”，意思是把浇园种菜作为自己简单的“政”事。进拙政园后我们已经细细游览了“雪香云蔚亭”、“远香堂”、被湖面包围的“三十六鸳鸯馆”、能倾听潺潺流水的“留听阁”、观赏水中倒影的“倒影楼”以及“望山亭”。现在我们靠在亭中，

苏州拙政园

心中充满了重逢的喜悦，同时欣赏着身边的美景以及鱼戏莲叶间悠然自得的画面。

中式园林讲究不规则、不对称的美，神秘而深具想象力，令人啧啧称奇。园林并没有一个中心轴或一个全景视角。整体布局是丰富多样、充满生机的，带给游园者的感受可能每次都不一样。它从不展现自己的全部风貌，因而总是魅力无限，令人回味。中式园林追求人工与自然的完美融合，将各种元素巧妙地结合在一起：光与影，楼阁与植物，流水与山石……虽然有园墙，却给人一种开阔自由的感觉。我们正在参观的拙政园被一道水墙分为了两部分：东部面积较大，以“远香堂”为主体建筑，而西部有一条狭长蜿蜒的水廊，整体布局紧凑，一步一景。一个占地面积不大的中式园林里主要包括四类景观元素，第一类是建筑——楼台、亭榭、长廊等；第二类是石峰、假山、沙土；第三类是瀑布、池塘、溪涧，以及与之相配的桥和小岛；第四类则是植物花草，包括小竹林、开花的树木、莲花或荷花、灌木等。此外，楹联题额也可以丰富景观，提升园林整体美感。门上、墙上、石碑上随处可见以文学作品中的名句或短小精悍的诗词命题点景的书法作品。园林里的各种奇石、洞门花窗、浮雕墙也都极具装饰美。

苏州以苏绣、造纸、檀香扇和伞具闻名。这座城市气候宜人，几个世纪以前人们就选在此地修建全国最美的园林。这里靠近长江，地理位置优越；水渠纵横，是鱼米之乡；而且草木繁茂、宁静怡人，难怪吸引了不少退休人士来这座小城居住。这里情致高雅隽永，连方言都那么动听，人们在这里营建了一个个美丽恬静的小世界。宋、元、明、清几个朝代里许多富有的官员在京师的仕途风光过后都选择回到苏州故里，平静地走完一生中最后的日子。

欣赏着园林中的房间、庭院，不由得令人遥想当年这里的生活又是怎样一番情形。文人雅客，丝竹并奏，酒酣耳热却丝毫没有铺张奢华。那些曾在朝堂上呼风唤雨的重臣们早已厌倦了锦衣玉食，宁愿过一种淡泊出世的隐居生活。

“园林追求的是与自然环境的有机结合，远离都市尘嚣。因此往往隐藏在一条僻静无名的小巷里，一道普通的院墙或一扇朴素的门背后，留存着一份稀世难求的清净。”小袁说，“这座园林曾经在短时间内几次易主的历史反映了中国古代社会的动荡不安，易主的原因包括赌博、政治危机和其他种种灾祸不幸。封建社会的不稳定也体现在朝代的更迭、园林主人和风格的变化上。”

“‘小红桥外小红亭，小红亭畔，高柳万蝉声。’造园前要考虑静观和动观两种不同的视角。静观，就是园中令游客驻足的观赏点；动观就是要有较长的游览线。二者说来，私宅内多建小园，小园应以静观为主：宜坐宜留，可凭栏倚靠，可待月迎风。白墙上树影婆娑，风抚过树叶沙沙作响，花窗外山峰入画，池水中石影浮动。大园则应以动观为主，吸引游园者移步游览长廊、亭阁、楼台、小桥、假山石……营造出步移景异的层次美。不知道你注意过没有，许多园林中都有曲折迂回的曲桥，有的桥面甚至有九个曲之多。这是为什么？就是为了延长风景线，营造静中有动、富于变化的景观画面，以避免单调乏味。”

“仰视和俯视又是一对不同的观赏视角。仰视可以欣赏气势雄伟的山石瀑布，掩映在林木间的楼台庙宇；俯视可观水边花开、鱼戏莲池。通过不同视角游览者可将园林内外，或人工或天然的佳景尽收眼底。园林的妙趣无穷尽显于细微之处的用心：每一座假山、每一块奇石都带意蕴无限，引人联想。奇石就像一座抽象的雕塑，究竟是什么，谁也无从知晓。不经意间你还会发现水生植物间游弋的金鱼、小桥下的阴影中闪光的鹅卵石，猛一抬头远处竟出现了一座山峰，峰顶是枝干弯曲遒劲的松树。游园者亲自发现了这些隐藏的美景往往格外惊喜，赞叹不已，享受到了探秘与欣赏的双重乐趣。”

“园林中的树木形态也是造景的元素之一，形态美很关键，是什么树种并不重要，因为这里不是植物园。常见的树种包括：枫树、杨树、古柏、竹林和白皮松。而游人休憩的地方多栽种垂柳。每一座中式园林的设计都独具匠心，值得品味游览。花木、地形、水体、各式建筑错落有致仿佛是一首优美的旋律上悦动的音符，又像是一幅精美的字画上清雅的笔触。每一座园林的背后仿佛都站着一位作家、一位艺术家、一位建筑师，他们带给我们的是个性鲜明、新奇、充满想象力的真正的艺术作品。

从园中远远望去，青山、绿树、船舫似乎都隐去了底部。绘画中虚实结合的技法也可以借鉴到造园中来。园林景观设计讲究藏与露、隐与显、隔景与合景的造园概念，给人以景致无限延伸于画面之外的意味深长的感受。桥梁的设计也是一个很好的例子，园中的桥有高有矮，还有的甚至比水面还低，给人以一种在水面上行走的感觉。

大型开阔的园林注重的是景物的造型、线条，而并非精细脆弱的装饰品，追求的是简洁大气的风格。小型园林注重的是精巧、雅致，在装饰上格外用心，追求的是质量而不是数量。比如锦缎面料的椅垫、高档的红木家具，这些非常适合搭配或奢华或朴素的各类建筑。早年间，夜游灯火通明的古典园林是最能激发文人墨客创作灵感的活动之一。

大型园林想要布局紧凑并不容易，而小型园林想带给人开阔的感觉也很有难度。如果游园者一进门就感觉园林大而空旷，便会知难而退，无法走完全部游览路线；但如果园中随处可见精心布置、独具特色的角落，游客便会意犹未尽，还会有兴致再来一次。造园有一定的方法，但没有固定的格式。就像一首小诗，只有短短几句却引人遐思无限。园中的景致有可以触摸到的，也有触摸不到的，后者就像云的阴影、水中的倒影、风的轻诉、潺潺的水声、鸟儿的吟唱、花木的芬芳……凝练紧凑的布局会让人暂时忘却游览过程中的疲劳感。而小型园林扩大空间感也能突破面积的局限，产生小中见大、放大视野的效果。

我们面前的这条湖是不是给你一种宽阔之感？似乎在向两边延伸出去，然而实际上左右两边都没有更多的水了，只是因为没有设路，没有把湖框起来，湖两岸是曲线形的，所以视觉上产生一种放大延伸的效果。”

“还有一种造园技法是把园外的景物‘借’到园内视景范围中来。远处的雪、近处的山、隔壁的树都可以恰到好处地纳入到园景中来为其增光添彩。采用借景法最著名的例子是北京的颐和园，远借西山，近借玉泉山和山上的玉泉塔，形成了景外有景、园中有园的布局结构。”

《园冶》是明朝在1631年时刊行的一部园林著作。作者是计成，全书共三卷。第一卷分为《园说》和《兴造论》两部分。阐释了如何相地、立基、屋宇、装拆和借景等内容。第二卷全志栏杆，其中大部分的栏杆都可以在江南的园林中欣赏到。第三卷的前三章讲的是门窗、墙垣和铺地，后面几章的内容是关于选石和掇山。我和袁方坐在倒影楼中的一条长凳上休息，欣赏着湖水中倒影的美景：云彩、植物、山石。这正是中国国画中遵循的“山得水而活”的原则所带来的享受。

苏州和中国其他一些地方的园林中都有石林。石林中有回廊、假山、地道、石拱、石阶、高台……石头的装饰魅力被发挥得淋漓尽致。那些仿佛雕塑般奇特的石头多是出自大自然的精心雕琢，是沉在湖底或生长在湖边，长年经湖水冲击、洗刷后慢慢形成的。还有一些石头取自溶洞内的钟乳石和石笋。再有就是价值连城、质地坚硬的宝石了。上海的豫园中有一块巨大的玉石峰，高约4米，石体层叠交错、沟沟壑壑形成数不尽的皱褶，孔洞通体遍布，空隙纵横交错、相通，如在底部焚香，从顶部注水可呈现百孔淌泉、烟雾升腾的奇观。

“几个月前我有幸游览了云南省的石林。”袁方对我说，“石林在云南省会昆明市东南约120公里处，是世界上最著名的喀斯特地貌风景区之一。高耸的石峰、石柱、石壁千姿百态，连成一片，远望真如森林一般。景区内的大石柱拔起有十四米高，石林中间有小路隔开，曲曲折折的石阶穿过溶洞、隧道、回廊，峰回路转，曲径通幽。此外，也有湖泊、清泉、林木、峭壁，可谓山光水色，应有尽有，使人如入迷宫仙境。踏入石林仿佛进入了一个童话般的世界，这里的石头是有生命和灵性的：巨人、猛兽、将军、村落、堡垒、锋利的宝剑、婀娜的少女……无数象生石栩栩如生惟妙惟肖。再加上流水潺潺，鸟叫虫鸣，花木吐芳，游者莫不流连忘返，赞不绝口。想象力也仿佛插上了翅膀：一时如踏上深宫御阶，一时惊见猛兽出笼，转头发现仙女就在不远处起舞，然而再向前一步又进入了巨怪的洞穴。一些迷宫是建在地下迷惑敌人的隧道，另一些仿佛是漫漫黄沙中出现的海市蜃楼，乃是虚幻中的迷宫。会讲故事的石头、千奇百怪的石头、石头组成的人生百态、石头的大千世界。”

“那么小石头又有什么特点呢？比如说印石？我们还是把这个问题留到后面再说吧。”袁方接着又说，“你看这园中的题咏，有的刻写在长条形的木板上，有的题写在纸上或丝绢上，有山石上的碑刻，有横置门头的匾额，还有挂在门两侧的楹联。书法题字不仅可以用来装饰公园和园林景观，也可题写在殿堂、庙宇、饭店、大街的牌匾或廊柱上，家中也可以悬挂。此外，在扇面、贺卡上也常见题字。”

传说明朝第一位皇帝朱元璋在旧都南京统治时期，下旨让家家户户都要依据自家的身份地位或经济状况来写一副与新春相关的对联，并贴在大门口迎接新年到来。一次，他便服亲驾视察写春联的情况，发现只有一户人家没写。原来这家主人是个不识字的屠夫，正在发愁不知如何是好。朱元璋当即铺开两张红纸，挥笔写下：“双手劈开生死路，一刀割断是非根。”第二天一早，朱元璋又路过这里，发现自己写的对联竟然没有贴在大门上，就进屋责问。那屠户忙跪下答道：“小民知道这诗是皇帝御笔所题，这是您赐给我们家新年的洪福啊！我就挂在了家中的神龛两侧，以便我们天天焚香视圣，为您祈福。”朱元璋听后龙颜大悦，遂命赏银三十两。

对联的格式对仗工整，节奏协调，为百姓所喜闻乐见。早在《尚书》中就出现了许多对句，比如：“罪疑惟轻，功疑惟重。”在公园或园林中出现的对句通常都是与大自然的美景相关的。比如："水清石出鱼可数，竹密花深鸟自啼"。有描写月亮的："千朵莲花三尺水，一弯明月半亭风"。园内清净凉爽的一角，布置有一张石桌、几张石凳、石桌上还刻着一方棋盘，待棋友们来一展身手。有对联是这么写的："竹影下棋逢对手，酒杯中花香袭人"。下面这两句是动态景观："轻舟载鱼月下悠悠，碧波亭外花开盈盈"。这两句诗描绘了园林的借景之美，充满了诗情画意。

自然景观带来的观赏效果是出其不意的。在广西桂林附近一个小县城里有个地方叫月亮山。这个景区有两座山峰，一高一矮。从景区入口处看，矮的山峰在前面，高的山峰在后面。前面这座山的山腰处有一个天然形成的大洞，游人透过这个大石拱看天，酷似一轮明月高挂。但如果从不同角度，不同距离，变换观看，后面更高的山峰就会遮住部分月亮，因此可以看到圆月、半月和眉月的不同景象。月亮山有专门开辟的登山道，游客可以拾阶而上，观看到月亮圆缺变化的整个过程，十分奇妙。

园林中的自然之声，包括风吹树叶的沙沙声、淅淅沥沥的雨声、悉悉索索的下雪声等，这些对景观意境的营造也有着重要作用。苏州旁边的无锡市有个寄畅园。园中有一条石径，从山石垒砌的石涧中穿过。小径旁是山泉细流，因落差而造成的流水之声，叮咚作响，在空谷中回荡，犹如八音齐奏，因此得名八音涧。

出了拙政园，跟着我的导游细致的解说、敏捷的步伐，我们穿过了苏州风景如画的街巷、小桥、街心公园，那碧波荡漾的池塘仿佛还近在眼前，潺潺的水声仿佛还在耳边萦绕。

“你好！我是老袁，是袁方的爸爸。很高兴认识你。”

“你好！我是菲菲，小袁的妈妈。”

“你们好！”我说。这家人给一种非常热情、朴实、亲切的印象。我们刚坐下来，又进来一个人。小袁说：“我来给你介绍一下，这是我女朋友小李，她是小提琴老师，在小学教小朋友拉琴。”“你好！”小李微笑着招呼我。“你好，小李！”我们握了握手。

小袁的父亲去给我们泡茶，我们就像老朋友一样随意地讲起话来。“我们好几年前就知道你啦。”老袁对我说。“你是小袁的老师，他可不能忘了你。”小袁的妈妈边说边去厨房忙活了。我们天南海北地聊着，我给他们讲了我这一天的感受，苏州园林的美景给我留下的印象。接着我们又谈到了园林中的山石，这时，老袁的脸突然亮了，他说，我先失陪一下。

回来的时候老袁交给我一个小匣子，说：“这是送给你的。”我打开来一看，惊呆了，这是一枚刻着我名字的印章。红色的石头表面夹杂着褐色的纹理，高约八公分。老袁借着深色的纹理，在石头上雕出了山和树，一幅微缩景观。“我真不知道该怎样感谢你！”我特别感动。老袁在苏州城里经营一家饭店，石雕篆刻是他平时最喜欢的消遣爱好。他给我展示了刻印用的各种篆刻刀、錾刀、小锤子等工具。

“中国人崇尚书画艺术，诗、书、画、印四合为一是中国艺术独特的审美境界。制印的石头有保留其天然本色的素石，也可以在石头上雕刻狮子、龙、人物、花卉等图案，还可以在保留石头天然形态的基础上雕刻图案，就像送你的这枚印一样。”老袁说，“印石形状有长、有方、有圆，还有不规则形状的。”

印章篆刻艺术要求在刻字时对原来的字形进行抽象设计，使其具有独特的风格。刻印石第一步要想好的就是布局留白，这非常关键。因为汉字笔画多寡不一，有的字只有一笔，有的能有二十四笔，而且字的宽窄长短也不一样。因此布局的疏密间隙需要取得平衡才能达到整体美感，这叫做“分朱布白”，朱白要和谐统一，虚实相生。篆刻讲究布局简洁大方，笔力遒劲浑厚。此外，印文的排列非常灵活，不受拘束。

篆刻人名时，右上为始，顺下为其次，左为再次，左下为尾。印章上有篆刻短语或诗词的，比如："居室一隅""真水无香为我友""竹生空野外，徒自抱贞心"；也有刻吉语或箴言的，比如："博尔一笑""莫问是非""真金火炼"、"记人之长，忘人之短"。

古代的铜印曾流行了好长一段时期。印章的材质还有金、银、钢、玉、象牙、兽骨、犀角、水晶、天青石、陶瓷、琥珀、竹子、木，甚至包括一些植物果核。

公元前三世纪秦始皇统一中国后，命人将原本属于楚国的一块著名美玉琢为国玺，并下令只有皇帝才能以玉玺为印。这枚"传国宝玺"为历代皇帝相传之玺，然而在公元十世纪时和氏璧销声匿迹了，至今杳无踪影。汉代依据官阶大小、等级地位对官印的颜色、材质、字体都做了详细规定，但是这种印章体系没有持续多长时间。

印章刻字分阴刻和阳刻。刻凸出来的字是阳刻，刻凹陷下去的字是阴刻。如果一副字画上出现两方印章，那么最好一方是阳刻，一方是阴刻。古代文人不仅有名有字，还有别称和雅号，所以收藏有一系列印章。比如当代著名国画大师齐白石，曾有出生时家人给取的名、字和号，后来又自己取了官名和别号，"白石"是他后来广为人知的号，是画家家乡附近的一个地方。而在字画落款中，他又为自己取了许多别号，如：借山翁、寄萍老人等。这位大师的印章有三百枚之多。

印泥是用朱砂、印油、植物纤维合制而成的。好的印泥色泽鲜红，盖在公文书画上非常美观。乾隆皇帝的印泥是用珍珠、珊瑚、玛瑙等八种珍贵材料为原料制成的。

"我们吃饭吧。"小袁的母亲菲菲招呼大家，我们暂时放下了关于印章的讨论，来到了餐桌旁。桌上已经摆好了香喷喷的笋尖、春卷、青菜和鱼。我们还吃了松花蛋，这种食品在英语和西班牙语中也被译作千年蛋。松花蛋是将选好的鸭蛋浸泡在用盐、茶叶、草木灰、生石灰等配成的包浆中制成的，蛋白晶莹透亮，颜色呈琥珀色或深绿色，蛋黄是硬的。吃时切成一瓣一瓣，用筷子夹着吃。

从大家的聊天中我得知自己坐的是上手位，也就是头座，面朝南。中国人的礼仪真是深入生活中的种种细节啊，我暗想。聊着聊着，小袁的女朋友小李突然接过了话茬，问我："你看过袁妈妈花盆中的微缩园林没有？""花盆中的园林？""是的，这是我国一门历史非常悠久的艺术，中文我们叫它盆景。这是我未来婆婆最大的爱好了。"小李说。

菲菲听了笑眯眯地把她的宝贝指给我看。只见朝南的窗前装置着搁架，搁架上摆放着四盆盆栽，里面种有小植物。我呆呆地看了好几分钟没说话：一棵枝干扭曲的小小的松树，挨着一块小型的山石，整体造型协调优雅，比例大小十分逼真。而我最喜欢的是一盆种在一个深色陶瓷盆中的微缩景观。瓷盆是椭圆形的，高约 6 公分，长约 25 公分。盆中有两座布满苔藓的小山，左边的小山上种着一棵上了年头的柞树，右边的小山上是一片文竹，两座小山间飞架着一座瓷制小桥。竹林前的苔藓上放着一个李白举杯邀月的陶瓷小摆件，小桥下种着三叶草还铺着几块彩色的小石头。

小袁的声音把我从陶醉中唤醒："你还记得这些小石头吗？是我从南京的雨花台上带回来的，你去过的。"

"养护盆景是个细工夫，需要耐心，经过长时间的培育、等待方可成形，"老袁说，"这里面有从古人那流传下来的一些秘诀，比如：有金属丝攀扎小树的树枝、树干来整姿，开春时节要修剪枝杈，另外还要考虑光照、遮荫等一系列琐碎的细节。"

"你知道那首与这个小瓷人'李白邀月'相关的诗吗？"小袁问我，"诗的名字叫《月下独酌》。""

我读到过几次，但是现在想不起来了。"

"我来背给你听：

花间一壶酒，独酌无相亲。
举杯邀明月，对影成三人。
月既不解饮，影徒随我身。
暂伴月将影，行乐须及春。
我歌月徘徊，我舞影零乱。
醒时同交欢，醉后各分散。
永结无情游，相期邈云汉。

在我国文化史上，诗与酒有着不解之缘。不仅许多诗中都提到酒，还有一些特别的饮酒习俗。比如行酒令助兴，说到这我想起了滁州著名的醉翁亭。中国不少古典园林中都开凿有狭长曲折的人工石渠，称为“流杯渠”。古时候的文人雅士时常在园中举行集会，有时他们会围坐在水渠边，在曲水上游放置盛满酒的木杯。然后第一人高声念出诗的第一句，酒杯顺流缓缓而下，停到谁面前，谁就得对上上一句诗，答不上来就要罚他喝了这杯酒。后代就有人评论说当时某些狡猾的诗人故意联不上诗来，其实是为了多喝一杯酒啊！”

听到这里我们都哈哈大笑起来。这是多么温馨的聚会呀，我们聊了诗词、美景，还有许多美好的回忆。在那一刻我真有了些许微醺的感觉，但并不是因为饭桌上美酒的缘故，而是这么多美好的事物此刻都齐聚一堂，其中最珍贵的一样便是——友情。

为你效劳

几周前，我度过了人生中一段突如其来的紧张时期，我必须要做一个复杂的外科手术。而这段特殊时期也带给我一些难忘的经历与感受，我想同你们分享一下。

一天有个学生，我也不知道是谁，对我说他发现我的喉头部位长了一个瘤。我不知道这是怎么回事，也不知道该怎么办，正好鹤林走过来，我就和他说了这事。鹤林说："我们立刻去医院。你骑车了吗？我们现在就一起过去。"

于是，半小时后我们就来到了南京工人医院，排队等待。接下来给我看病的医生建议我马上住院，好为手术做准备。鹤林回到大学，不到两小时，就和几个朋友一起把我的东西拿来了。经过一系列的检查、术前准备（时间很快）、手术和恢复期，我总共在医院里待了三个星期。每一天，从早到晚，无一例外地总有人来探视我，令我深受感动。老师、学生和朋友此时仿佛被同一种情感支配着，带着大包小包的糖果、水果、饼干、罐头、杂志来探望我，亲切地鼓励我，令我充满信心。为了不让我感觉孤单，西班牙语系还排了一个探视时间表。不仅如此，我的两位主管医生也每天来看我两次。很快，整个病区的人我都认识了，隔壁床的病人、病区的护士，甚至还包括参加我手术的麻醉师。在所有人的关心与爱护下，我很平静，我知道我的朋友们在陪伴着我，但同时也不免感到有些紧张。

一天，一个外国学生来看我，他刚巧也在这家医院实习。我们闲聊了一会，他不经意间说了一件让我很吃惊的事。他说我这次手术从某种角度来看是比较危险的，这似乎是已经确定的了。因为我喉咙上的瘤就长在喉结下方正中的位置上，手术刀稍稍那么一偏，就会影响到这个部位的一些神经，那我也许就再也说不出话来了。他还告诉我，因为这个原因，医生只会给我局部麻醉，让我在手术过程中可以说话，这样会便于确定神经的位置，减少手术风险。

我暗想即便知道了这些对手术成功也毫无帮助，还徒增了一份担心。于是我决定安静等待并观察中国医生会怎么做。我的两个主治医生之一——王医生，每天都来看我两次，我前面已经跟你说了。我们两个交谈时，他总是用英语跟我讲话，还不断地请我给他纠正发音，向我请教词汇和语法上的问题。很明显，他对英语非常感兴趣。手术前夕他对我说："你的手术没必要全身麻醉，这样我给你手术的时候，我们还可以练习英语。要是我哪说错了，你可一定要纠正我呀。"我很愿意，我回答他说，他的建议背后饱含的善意与关切我已经全都明白了。

一位老师觉得他的建议或许可以安慰我，他问我在手术室里挂上耶稣受难像会不会让我好受些？听了他的话我呆住了，但我马上感谢了他，倾向于接受他的建议，以免产生不必要的误会和麻烦。但是哪里去找耶稣受难像呢？把它带进手术室是否需要批准？都要经过哪些手续？这位老师的话是多么体贴呀，他的心态又是多么开放与包容呀！我心想，虽然宗教信仰不同，却能对别人关心至此，足以体现出一个人的善心和人与人之间难得的真挚友情。

还有一位老师，这是她的学生们告诉我的，在上课的时候，正好是我接受手术的时间。老师突然中断了讲课，看了看表，对大家说：这个时间我们的好朋友要接受手术了，让我们为他祈祷吧。我不知道基督徒应该如何祈祷，但是大家请起立，我们一起说：主啊，请帮助吉叶墨吧。

几天之后，当学生们告诉我这件事的时候，我心中涌起的感激之情，我不知该如何跟你形容。总有一些表情、话语和行动让人的心中充满了温暖，对生活充满了希望。

老侯，大约六十上下，厚厚的镜片后面是一双充满智慧、友善的眼睛。黑色的头发，很短。中等身材，结实。走路慢慢的，表情谦和有礼。从他第一次主动踏进我的病房，同我打招呼时起，他所散发出的那种沉静与和善的气质就给我留下了极为深刻的印象，我开始相信人的身上真的可以笼罩着精神上的光环。

老侯就住在我隔壁的病房，这是我的幸运，每天他都过来看我。他对于世界、历史和人生的思考，不疾不徐、经过深思熟虑的说话方式，渊博的学识、待人接物上的朴实、周到与亲切的作风在无形中给我上了终身难忘的一课。他是全国有名的神经外科医生，别人告诉我，他的医学知识渊博而丰富犹如一本翻开的书，他的解释思路清晰、条理规范，被学界视作范例。

老侯告诉我，中医诊病通过“望、闻、问、切”四个途径：望诊，就是观察病人的脸色、神色、走路的姿态以及全身形态的变化；闻诊，就是医生用鼻子来嗅病人身上或者排泄物、分泌物的气味；问诊就是询问病人的自觉症状、起病过程、治疗经过以及家族病史等；而切诊的“切”是用手触摸病人身体的意思，用手触摸或按压病人的皮肤、胸腹等部位，又叫摸脉。切脉是在手腕处的三个点，也叫三部，以轻、中、重的指力相应取浮、中、沉三侯，合成“三部九侯”，可诊九脏之病。

病脉脉象可以总结为二十四种，比如感冒的脉象是浮脉，好像木块漂在水面上一样。怀孕的妇女可出现滑脉，脉象流利如珠走玉盘。肝病脉象是弦脉，指下挺然，如按琴弦。脉体如洪水般波涛汹涌，这叫洪脉，主热症。大出血时，脉象浮大而空，如按葱管。

对望、闻、问、切四诊所搜集的症状，体征等资料还要依据表里、寒热、虚实、阴阳八个方面进行归纳和分析来诊断病症，这叫八纲辨证法。阴阳是八纲的总纲。感冒是表证，而腹痛是里证。不喜热食乃是内热，而喜热饮是寒证。炎症是实证，而产后多为虚证。治疗时可以采用对抗疗法，比如以寒抗热等等。

明代李时珍（1518—1593）在南京出版的著作《本草纲目》共包含五十二卷，约200万字，乃是他三十余年潜心钻研实践的成果。书中收录植物、动物、矿物类治疗药物多达1892种。《本草纲目》乃是中国古代汉医集大成者，声名远播的药学著作，因此在中国的医院和医学院里，经常会看到一代名医李时珍的塑像。

李时珍雕像

关于疾病成因中医中有许多论述。人有喜、怒、忧、惧、爱、憎、欲七种情志活动，这些活动过于强烈，便会引起气血失调而致病。风、寒、暑、湿、燥、火这些邪气也会浸入人体致病。人体生病内因是主要原因，外因为辅。怒伤肝，喜伤心，思伤脾，忧伤肺，恐伤肾。饮食不当、过度疲劳或久卧不动均会造成气血凝滞或痰阻对身体健康不利。

宇宙是由阴阳两种物质组成的，阴阳两面既相互对立又相互依存，还可以转化。生命就是阴阳两种相互矛盾的能量构建的一个平衡体。如果阴阳失调，平衡被打破，人就会生病。

人体外部为阳，内部为阴。背部为阳，胸腹部为阴。腰部以上为阳，腰部以下为阴。人体四肢外侧和体内六腑是负责消化、传导饮食的器官所以属阳，而人体四肢内侧和五脏是贮藏精气的器官所以属阴。脏腑之间具有相互依存、相互制约的平衡协调关系。阴阳不调可以通过驱散体内过剩的一方或滋补不足的一方来调养。

另外还需要了解的是自然界、五行与人体的关系。金、木、水、火、土是构成物质世界必不可少的五类最基本物质。水生木、木生火，火生土，土生金。水克火，土克水，火克金，木克土，金克木。只有五行的生克制化平衡，自然界才能和谐，人体才能健康。中国文化中独特的宇宙观也是按照五行特性对天地间的万事万物来进行概括与分类的，并藉由五行生克规律来阐明生命与人体健康的密切联系。

木对应的五官是眼睛，内脏器官是肝和胆，五体是筋，情志是怒。对应季节是春季，风，五化是生，绿色，对应的味道是酸味，方位是东方，嗅味是臊味。

火对应的五官是舌，内脏是心和小肠，五体是脉，情志是喜。对应季节是夏季，暑气，五化是长，赤色，苦味，南方和焦味。

土对应的五官是口，内脏是脾和胃，五体是肉，情志是思。对应季节是长夏，湿气，化，黄色，甜味，方位是正中，还有香味。

金对应的五官是鼻，内脏是肺和大肠，五体是皮毛，情志是悲。对应的季节是秋，五气是燥，五化是收，白色、辛味、西方和腥味。

最后是水，对应的五官是耳，内脏是肾和膀胱，五体是骨，情志是恐。对应的季节是冬，寒气，五化是藏，黑色、咸味、北方，五嗅是腐味。

针灸与按摩、健身操、中草药、水疗、食疗等中国传统疗法一样，疗效非常显著。适用于与两百多种病症，并至少能治愈其中六十多种。具有镇痛、麻醉、镇痉、调节中枢神经与植物神经的功效，依据不同的情况还可以起到治疗或缓解病症的作用。

三国时期就有医生用针灸给一位将军施行麻醉。有传说从石器时代人们就开始用砭石等工具来治病。针灸疗法是使用针灸针、电针刺激、毫针、耳针以及艾灸等方法来进行治疗。什么是艾灸？艾草是一种有香气的药用植物。艾叶晒干捣碎后可得艾绒，制成艾柱和艾卷，使用时点燃，熏烤人体的穴位可达到保健、治疗的效果。

“我见过艾灸。有一次，我去南京的中医院看望一位病人时，发现护士正拿着一根粗管状的东西在他隔壁床病人的腹部打圈熏烤，那肯定就是艾条了。那病人当时尿潴留发作十分痛苦，熏艾没几分钟症状就减轻了。”我说。

每个针灸穴位都非常明确，而且有自己的名称，如：四渎、然谷、天池、支沟、水泉、承山等。一些穴位名称与动植物相关，如：鱼际、鸠尾、伏兔、犊鼻、攒竹。还有一些与天文气象相关，如：阳谷、上星、云门、风池等。针灸疗法认为人的全身乃是一个整体，需要刺激气血循环来调和阴阳。可以交叉取穴，左边痛压右边，右边痛压左边，同样，身体上部不适可以通过下部穴位治疗，下部不适也可以通过上部穴位治疗。

老侯总是笑眯眯的，似乎对自身的疾病一无所知。他的声音沉静有力，态度谦和有礼，目光中充满了智慧与善意，任何问题在他那里都能得到圆满的解答。他的表情、动作、话语都是那么亲切优雅，淡定自如。每次他从我房间离开，都会很有风度地微微欠一下身，这个动作我一直想要模仿。一天，他给我纠正了这个中国传统行礼的手势。

“你知道中国古代行拱手礼时通常是左手在外，右手在内，不能反过来。”

“这是为什么呢？”我问。

“因为右手代表着力量，可以象征挑衅与攻击，而左手则没有那么强壮有力，左手主心脏。所以用左手包右手意图很明显，就是通过这种问候方式向对方传达善意与友好，表示要尽我的力量来为你效劳。”

四九城

这块厚厚的铜牌形状对称优美，约有一米高，中心有浮刻，叫做“点（典）”。“点”是挂在城门上的，用木槌敲击发出浑厚悦耳的声音。老北京人都知道，北京的内城八座城门上都挂着一面“点”，只有一座城门上悬挂的不是“点”而是一口钟，这座城门就是崇文门。过去北京城就靠钟和点来报时和组织生活。四九城这个称呼是从清朝满人统治时期起叫起来的。

崇文门上不打“点”，只挂钟，其中的缘由有这么个说法：天安门前的金水河中住着一条可怕的白龙，只有听到钟响声它才能平静下来。要是忘了敲钟的话，这条龙就会在金水河和北京城西的湖里兴风作浪，直到湖水决堤，整个城都会被水淹掉。

北京城的九个门指的是内城的九座城门，是明代为保卫皇城和皇宫修建起来的。城北面的两座门是东侧的安定门和西侧的德胜门。

安定门以前是专走粪车的，德胜门是军队出征和凯旋归来时所走的门。城西面是北侧的西直门和南侧的阜成门。西直门有运河可直达颐和园，而从阜成门出入的主要是煤车。城东的两扇门是北侧的东直门和南侧的朝阳门。东直门过去主要是走木材车，而朝阳门挨着粮仓，走粮车。城南有三座门与外城相通：西侧的宣武门过去是走囚车的，宣武门外是刑场；东侧是崇文门，一年到头总是开放的，而正阳门在南垣正中，只有天子才能走。城门和城墙都由巡逻的侍卫带着刀剑和鞭子日夜把守着。

北京城原有四道城墙。皇宫外是紫禁城，城墙四个方向各开一门，城外有护城河环绕。紫禁城外围，环绕在宫城之外的城垣是皇城。皇城之外就是内城，内城开有九座城门。最后是位于内城南面的外城，除了前面三座我们讲过的，与内城南垣相通的城门，外城还另开有七座城门。其中东西各开一座城门，南城墙开三座城门，正中间的叫永定门，永定门在北京中轴线的最南端。金銮殿里的宝座面朝南方，南方为阳，象征着温暖，力量与生机。皇帝坐在龙椅上，通过开阔的殿前广场就能看到日出日落。

“中国”这个名字历史悠久，可以理解为征服四方后在中原建立的国家，也可以理解为在地理和文化上居于中心地位的国家。依据这一具有神秘色彩的标准，便不难理解为何中国的首都北京——北方的都城，乃是中心之中心，具有左右对称，与宇宙天地相和谐的皇城格局了。

清晨四点崇文门上的大钟敲响，内城城门打开，钟声敲响后才开始打点。下午四点鼓声响起，城门就关闭了。内城关闭后，崇文门上的钟一晚上只敲六次，每两个小时一次。而其他报时的钟和鼓每天敲 108 响。

民间俗话说北京有三百六十条街，小巷多如牛毛。街道宽阔，横平竖直，呈“棋盘式”布局。街两旁的民宅通常只有一层，格局为一个院子四面建有房屋，从四面将庭院合围在中间，故名四合院。

四合院是一家几代人同住一个屋檐下，家境好的人家也有不少佣人。四合院的围墙呈四方形，一宅有一个院的，也有好几进的四合院。院门一般都朝南开，跨过朱红色的门槛首先会看到影壁墙，这道墙的作用一是为了遮挡窥伺的目光，二是为了避开孤魂野鬼的侵扰。四合院的庭院一般是石铺地面，庭院中间可能有水池，还会载种树木。正房，也就是一家之主的房子是坐北朝南的，正房东西两侧的厢房是给孩子们住的，与正房相对，南面的房子是给佣人住的。这种院落的特点是私密性好，布局对称、规整。北边屋子的门和窗都在阳面，是朝南开的。厨房设在外院，而厕所建在内宅里，有如厕用的便盆和便凳。照明用油灯或蜡烛，纸灯笼是过节时用来做装饰的。

北京的街巷胡同有六千条之多，取的名字充满了生活气息，比如：金鱼胡同、针线胡同、银碗胡同等。胡同曲折幽深，不乏有氛围宁静、风景优美的角落，而且这种地形也有助于防止火灾蔓延，阻挡敌军攻打。

老北京内城有买卖铺子、粮仓、牲畜圈。内城住的人有木匠、石匠、画匠、做小买卖的，还有供应皇宫内吃穿用度、起居生活方方面面的老百姓，而朝廷官员则是独门独院居住。北京城里还有几座皇家御用的祭坛庙宇：天坛、地坛、社稷坛、太庙、风神庙、雨神庙、雷神庙、云神庙等。早先由于皇亲国戚、朝廷官员都住在城中心，北京城东西方向的交通极不发达。

导游离开的一会儿功夫，我注意到博物馆内一个石柱上摆着一样奇怪的东西，我想起了几个月前我在北京旅游时的情形。那时还是夏天，现在已是隆冬季节了。那时有两个朋友陪着我，而今天的导游我却不是很熟悉。那时我对中文还一无所知，现在我已经能进行简单的交流了，当然文字书写另当别论，现在的我依旧认为下决心学习这门语言是非常值得的。

导游还没回来，于是我继续思考着自己学习中文道路上一路走来的艰辛。准确地说我不是在学，而是在向这门异常难学的语言发起挑战，而这门语言正在运用它所有的武器阻挡我靠近。学习汉语使我看到了一样自己过去没有留意的能力，那就是强大的遗忘能力，什么都可能忘掉……

有时我记住了发音，忘了声调；有时我记住了声调，但不确定是否有鼻音；我可能知道汉字该怎么写，但忘了该怎么发音；有的汉字我只记住了一半，忘了另一半怎么写；如果是两个字组成的词我可能就记住了一个字忘了另外一个字。什么都有可能忘……，我的忘性越来越大，不知何时是个头……我什么时候能学会用“一”这个字？这个字多好写啊！就短短一条横线，和一个减号一样，然而却有 175 种不同的组词方式！我什么时候能学会啊？

这时我的导游端着两杯热腾腾的茶回来了。他冲我扬扬下巴，示意我跟他来到博物馆的一处角落。我们挨着暖气停下来，准备好好歇一会，再聊点别的。这时我问他：“你是北京人对吧？”“是，也不是。我出生在中国东北的哈尔滨，在黑龙江省。但是我打小就搬来北京住了。你是怎么发现的呢？”“你的发音非常清晰。就像电台里的播报员，字正腔圆。只有一个小地方有区别。”“什么地方？”他问。“许多词的词尾你似乎都加了 /r/ 音，这像是方言。”说到这里，我们两人一起笑了起来，这种“儿化音”是北京话的区别性标志，经常外省人模仿不好就会闹出笑话。

导游告诉我：“很难绘制一幅详尽确切的中国官方语言和方言的分布图。差不多每个省的情况都很复杂，不光少数民族有自己的语言，就是普通话也有许多变体。”

“我注意到南京人有时发不清 /sh/ 的音，或是容易与 /s/、/x/、/zh/ 这几个音混淆，而在北方这几个音就发的很清楚。另外，/l/ 或 /n/ 的音有人也会混淆。”

“那要说到上海话、广东话或四川话与普通话之间的区别呢？这些方言简直就是一门外语了，没有翻译根本沟通不了。这是我们了解的几门语言，还有些语言的复杂情况我们还没掌握呢。”

“你能教我一句地道的北京话吗？”我问。“没问题。你可以学这句：‘盖了帽了’。意思是棒极了！好得不能再好了！质量一流！”“这句话我可忘不了啦！”

我一边喝着第二杯茶一边又问道：“在来北京的火车上有一件事让我很吃惊。有两位日本客人来到我们的车厢想和我们说话，但是沟通不了。其中一个人就把他想说的写了下来，然后全程大家就用这种写写画画的方式交流，非常开心。”“确实是这样的。中日两种语言文字近似，用同样的字表达相同的意思，但发音完全不同。许多来这座古钟博物馆的游客不会说中国普通话，但是可以通过写字来提问……”

“大钟博物馆这个名字，显然是和这里的展品相关的。我已经看到了悬挂在木架的上的编钟、园林景观钟、象征皇权的朝钟、马脖子上栓的铃铛、诵经时使用的金刚铃、寺庙里的佛钟、钟身铸满文字与道教八卦图案的道钟。但是我刚才见到一样奇怪的东西，我很好奇，不知道它到底是什么？”我继续问道。

“是哪件奇怪的东西呢？”“我带你去看，就在这附近。”这件青铜器具就摆在一个石柱上，像一个宽口的脸盆，直径约二十公分，盆边有一对把手，内部光亮，盆的内外都明显刻有龙纹。“哦，是这个呀！怪不得你好奇呢，一般人都猜不出来这是做什么用的。你看我给你演示。”

他要了两个热水瓶，将开水注入这个盆中。接着，在我惊诧的目光注视下，他使劲地搓动起盆边的两个铜耳来，我越来越好奇。不一会铜盆缓缓地震动起来，发出一种金属的声音，随后声音越来越响。突然间，水面漾起了同心圆形的波纹，几滴水珠跃出了水面，渐渐地水花越来越大，越冲越高，水珠四射，而铜盆发出的声音也越来越长，越来越亮。一道水柱突然喷出，足有 40 厘米高。原来这是一种智慧与艺术精妙结合的水戏物品，原理是由于双手摩擦铜耳时产生的物理学上的共振现象。“这叫做龙洗，在公元初年就有了，大概也曾在古代一些典礼仪式上使用过。你注意看，盆底的龙嘴里恰巧都有水花喷出，仿佛正是这几条青龙掀起了层层浪花。”

又是中国文化中的龙。龙在中国传统文化中是权势、尊荣、祥瑞的象征，同时也代表着男性的阳刚之气，有多子多孙的寓意。古代皇帝自比为“真龙天子”，龙成了皇权的化身。皇帝的宝座龙椅后面衬托有雕龙屏风，还有皇宫内的影壁墙，上面刻有九条穿云驾雾的飞龙。龙壁上龙的数量多寡与建造者的身份相当：五条龙与七条龙是贵族身份，而“九”这个数字乃是皇帝专用。除了故宫里的九龙壁，就只有北海公园和大同各有一座九龙壁。

龙拥有权威、力量和强大的生命力。它大气磅礴，意志坚定且活泼外向，是富贵吉祥的象征。龙年阳气最盛，一个甲子六十年中，龙年会出现五次，而其五行各不相同。属火龙者竞争力强，诚实；属土龙者现实，吃苦耐劳；属金龙的做事努力，有毅力；属木龙的个性大方，和蔼可亲；属水龙的创造力强，乐于助人。

古人把传说中的神兽和大兽分为五类：龙属于第一类，鳞甲类神兽的代表；第二类是羽类动物，以凤凰为代表；第三类是有毛的走兽类，比如独角兽；第四类是包裹在甲壳里的龟鳖类；还有第五类动物，是裸体的，意思是体外没有羽、毛、鳞、甲等附属物的动物，称为人。

古时候人们认为龙冬天在地下蛰伏，而每年农历二月初二这一天，青龙开始抬头活动，天上跟着打雷下雨，代表春天来了，一年的农事活动即将开始。青龙可缩小到只有蚕虫般大小，也可以无限长大直至涨满天地，可以隐身，还可以神不知鬼不觉地飞到天上，隐藏在云层中。

古代皇家建筑的一个典型特征是使用龙纹图案的装饰。最明显的例子是牌楼上的龙雕。老北京城中原有五十七座结构不同、风格各异的牌楼。东单和西单的意思是北京城东和城西这两处的牌楼都是单个儿的。东四、西四的意思是这两处分别有四座牌楼。北京几条著名街道的名字都与牌楼相关。北京颐和园门前的牌楼已有两百多年的历史了，保存完好。这座木结构的牌楼有三间宽，四根红色的大立柱，七楼高，楼顶用琉璃瓦，两面雕刻的金龙有 176 条。

“园林景观护栏和石桥的石栏上也常见龙纹浮雕，背景雕刻的是波浪形的祥云或海浪，也就是传说中龙和真龙天子居住的地方。龙最厉害的宝贝是一颗神奇的珠子，谁能得到它就能获得幸福。我听过一个人变成龙的传说。”导游继续讲道：

有一位少年，家里很穷，父亲去世了。他靠采草药为生，母亲把他采的草药拿到集市上卖，两人勉强度日。有一年夏天大旱，连最高的大树都枯萎了，所有人的日子都很难过。

一天，少年无意间发现了一块肥美的草地，里面居然长满了各种植物。少年高兴地采了许多拿到市场上卖，换了个好价钱。第二天，他又去了这块草地，草地上依旧草木丰盛。于是他接连许多天每天都去那里采草药，再拿去卖，终于积累了一笔财富。后来有一天，他在一株植物的根部发现了一颗比星星还耀眼的珍珠，就将这颗珠子带回了家。他征求了母亲的意见，将这颗宝珠放在了一个空米桶中，打算找机会将它卖掉。

第二天，少年再去那块草地时，却意外地发现草地已经干涸了，植物也都枯死了。他跑回家把这件事告诉妈妈，而妈妈则告诉他一件更惊人的事：昨天的空米桶里竟然盛满了米。一定是因为那颗宝珠！妈妈说。两人赶紧跑进厨房，欣喜地端祥着那颗珠子，呆呆地注视着它那令人难以置信的耀眼光芒。

两人将信将疑地又将珍珠放进另一个空罐子里。第二天一早，他们迫不及待地打开罐子，发现里面满满一罐子全都是米。两人又将珍珠放进钱箱里，钱箱也满了。这颗宝珠把家里装衣服、装食品的柜子以及借来的珠宝匣都填满了。

然而，没过多久，家里的财富就引起了一伙强盗的觊觎。他们闯入家中抢劫，发现了那颗珍珠的灿烂光华，就打算据为己有。少年害怕宝珠被抢走，情急之下将它放进嘴里，吞下了肚子。就在这时他突然感到一阵口渴难忍，就不顾一切地冲出强盗的包围，跑到附近一个山泉，绝望地大口大口喝起水来。

在场的乡亲们都呆呆地看着这个少年的身体逐渐涨大，最后竟然变成了一头庞大凶猛的怪兽。它眼如铜铃般突出，巨尾上长满了鳞片，嘴里还喷着火，一跃腾入空中，天空顿时被照亮了。只见那龙轻轻吹了一口气，天上就下起雨来。它转过头向后望了望，像是在同它的妈妈最后道别，随即就扎入了云层中，一眨眼就不见了。

天上下起了倾盆大雨，这一地区的干旱问题终于得到了解决，村民们获得了丰收。大家都说这是龙人看望母亲来了，还把肥沃的土地送给她作为礼物。一些人说曾看到龙在天上飞过，还有人说那巨大的闪电就是龙留下的足印。

传说中的神龙通常住在水下，而北京城丰富的水资源，包括故宫门前与颐和园相通的金水河，以及其他具有商业、军事、景观用途的大大小小的运河可以给龙这种神兽提供宽阔的栖息之地。历史上京城里的多条河流与那条著名的大运河曾经贯通了全国上下各个地区。

京杭大运河全长 1800 公里，是世界上里程最长也是最古老的

京杭大运河（扬州段）

运河。大运河南起浙江省会杭州，北到北京，支系延伸形成“水网”。自公元前五世纪春秋战国时期就开始开凿，直到十四世纪中期元代末年基本建成，历时十八个世纪。著名历时学家司马迁曾在书中记叙了开凿运河沟通水系，设置船闸，靠人力、畜力拉纤等为方便漕运所想出的巧妙办法。明代史籍中曾有记载，运粮的槽船多达 11000 余条。此外，人们还通过大运河运输丝织品、布匹、瓷器、漆器、农产品等商品以及修建故宫所需的木料等物资。

运河的重要性堪比长城，但二者的作用却不相同。长城起阻挡防御的作用，而运河乃是贯通连接的作用。传说公元六世纪隋炀帝决定在已有的天然河道和古运河的基础上开凿一条大运河，目的竟然是为了赏花的，这是一种开在高高的灌木树上的稀有名花，叫做琼花。传说琼花花开极美，但很少开放，在扬州一处园林中还保留有一棵古琼花。而隋炀帝开通了大运河去赏琼花时，花却因为厌恶这位暴君自行败落了，不愿给他看见。隋炀帝下扬州赏花的龙舟船队极度铺张奢华。他乘坐的龙舟呈龙形，共计有四层，长约 70 米，高达 15 米，里面还有包括正殿在内的上百间殿室。龙舟后面跟着的是被称为朱鸟、白虎、玄武等各种名号的大船。船队共用挽船士九万人，所过州县的居民都要来“献食”，人民倾家荡产。无怪乎穷奢极欲的隋炀帝后来也被自己身边的侍卫杀死了。

临别的时候，好心的导游又给了我一个很好的建议，他说：“既然你在北京还要待几天，我建议你去一个特别的地方。在我的家乡哈尔滨一到冬天就会建起一座冰雪大世界，已经连续好几年了。我并不是让你去那么远的地方，那里现在足有零下 40 度了。但你可以去北京北边，一个叫龙庆峡的地方，那里也有类似的冰雕展。去看看吧，你一定会喜欢的！”

五光十色晶莹剔透的宝塔、各式各样的亭台楼榭、雪白而又闪闪发光的冰路、台阶、立柱、雕塑、栏杆、房子，全部都是透明的冰雕。在节日彩灯的烘托下美轮美奂，使人恍若置身于瑰丽如仙境的冰雪王国中。在这里既有栖息在冰岩上唱歌的透明小鸟，也有富丽堂皇的高楼大厦、回廊阶梯；既有灯火辉煌的街道广场，也有精雕细琢、身材矫健的驯鹿。冰雕表面非常光润剔透，所以在台阶处也细心地铺上了厚厚的布垫以防游人跌倒，一切都是那么完美。游客不时发出阵阵惊叹，深深陶醉在这奇妙的冰雪大世界中。

而这里面我最喜欢的是一组冰雕园林：在冰上和冰锥上雕琢出灌木、清泉、瀑布、篱笆、花草、池塘、溪水……各种深深浅浅的白色。真是构思巧妙，技艺超群。好几次我都揉揉眼睛，又掐掐自己的胳膊，好确定眼前这一切不是在做梦。在这世界上确有个地方叫“龙庆峡”，但却并不是传说中那东方神兽栖居的地方，也不是小孩子梦中臆想出来的神秘角落。

离开了这个白茫茫一片，冰天雪地的地方，又回到每天生活的城市里，就仿佛发生了某种翻天覆地的变化，但当时我并不知道这次回来会发生怎样的变化。回市区途中，我路过北京近郊的海淀市场。市场里有卖菜的、卖篮子的、卖花草、卖鸟笼、卖帽子，卖各种物件的。我刚一进去，就感觉到似乎有人在叫我。这里来来往往的陌生人太多了，又会是哪个不认识的人在叫我呢？我想这大概是自己的一种错觉。然而没几步，我又感觉有人在喊我。我抬眼在人群中搜寻，居然就发现了在市场的尽头，有一只手正在做着手势叫我过去。我穿过形形色色的人流和各式各样的商品朝那只手的方向走去。我看到了一位笑容可掬、样貌可亲的老太太，她把她的商品展示给我看，原来她卖的是原创的字画。

我心里很吃惊，向她问好后就去看她的藏品。一下子，我就看到了挂在墙上的——我的那幅画，我呆呆地盯着这幅奇特的画，从第一眼看到它起，我就决定不管花多少钱也要将它买下。那画上画着一头漂亮的牛，头上顶着一对神气的牛角。牛背上驮着一个聚精会神、正在看书的孩子，而左边的牛角上还挂着一捆书。画面是那么宁静平和，小孩子的专注与牛的动感相得益彰，线条简洁、凝练、意味深长。画上还竖题有一句诗：吟诗牛背胜临清溪。诗、书、画、印、乐完美集合于一身，画风简约而韵味无穷。

“这是我为你画的。”老太太对我说，仿佛我们很早以前就相识了，“我知道你会喜欢的。”听了这话，我又思考了一下，我的人生当中每次发生这样难忘的奇遇都令我惊诧不已，且毫无准备。“我就是来找你买的呀，”我也用同样出其不意的方式回答她说：“我知道你已经画好了。”我们两人都笑了，这次短暂的相遇值得庆祝。随后我们互相道别了，不再费力地继续聊下去。

现在，我坐在家中的书桌前欣赏着我的这幅绝妙的画。我想起了那位和蔼的老太太和她的世界，脑海中突然闪现出杭州西湖上的一幅美景：碧波荡漾的湖面上，几根石柱钻出水面支撑着飞檐上翘的亭顶，亭子的四面都开有窗户，这水榭就仿佛一幅天然的山水画中几笔优雅的勾勒。人们说泛舟到这亭中，透过亭窗欣赏那秋天的月明，此情此景一生都不会忘怀。

大草原、蒙古包、骏马

很久以前我跟你说起过阿德扎和阿木斯兰金，两位要去波哥大的朋友，你还记得吗？他们的西语名字是米盖尔和拉斐尔。几周前我和这兄弟俩竟然又见面了。

当时，我刚参观完中国历史博物馆，正充分利用在北京的时间，在开阔的天安门广场上散步。脑海中还不时浮现出刚刚看到的说书人的陶俑、马踏飞燕的铜雕……突然听到有人喊我的名字。正是那对蒙古兄弟！

我们拥抱，握手，亲热地打着招呼。他们瘦了些，穿着也西化了，西班牙语进步明显，然而他们还和从前一样，一点没变。他们很关心我，连珠炮似地向我发问，仿佛我是刚到不久的新人，但其实他们才是刚到北京不久，他们为几年前我帮过他们的一点小忙而再一次表示感谢。

我们坐在前门的一个饭店里，品尝着北京烤鸭，聊着彼此的近况和未来的打算。他们两人最开始在亲戚家的饭馆里帮工，现在已经有了自己的生意。“我们开的饭店叫‘白马’，你真该来尝尝我们包的馄饨。”这家饭店开在学生聚集区，而他们梦想着将来再开一家更好的。

“你来波哥大看我们吧，至少得在我们家里住上几天！”他们说。

“我当然愿意啊，如果有机会的话肯定会的！但是先不说别的，你们快告诉我怎么会来北京呢？”

“我要结婚了。”米盖尔说着笑了，他这一笑脸显得比平时更圆了，细长的眼睛也笑眯成一道缝：“我的未婚妻在内蒙呢，我准备回去结婚。”

又是一阵祝福、拥抱、干杯、庆祝，这可是个大大的惊喜。“我们只是路过北京，不想这么巧地就遇见你了。”拉斐尔说，“你去过内蒙没有？”

“没有，从没去过。”

“那么这次是个好机会。我们三个人干脆一起回内蒙吧？”他俩说。

“那可太好了！我不会让这个机会白白溜走的，我接受你们的提议。”

我们喝了茅台酒，为新婚夫妇和即将到来的旅行举杯庆祝。这两杯酒一下肚，我的胃里顿时一阵火辣辣的感觉，唔——我到现在还能记起那感觉，再凛冽的寒风我们也不惧怕了。

传说很久以前，在深山老林里有一只聪明伶俐、会说人话的神鸟。不少国家的国王、大臣和富翁都想得到它，他们有的派人去捉，有的亲自出马，可是谁也没有捉到。而那神鸟就站在一棵枝叶繁茂的千年古松上婉转地啼叫，哪儿也不去。据说，那些捉神鸟的人在山林里走来走去，都走出一条山路来了。

神鸟的事传到了依尔特戈尔可汗那里，他想：“好厉害的鸟哇，都说谁也捉不到它，我非把它捉回来不可！”依尔特戈尔可汗走进北边的山林，来到千年古松下。他身手敏捷，一下子就用网子捕住了神鸟。可汗非常高兴，在顺着山路回家的时候，神鸟说：“尊贵的可汗，您是抓住了我没错，但是您要留心和我说话的时候绝不能唉声叹气，不然，一眨眼我就会逃掉的。”可汗说：“那好吧，那你给我讲点什么吧，让我看看你有多聪明。”

“行！您听好了。”神鸟说，“听说有个猎人，猎人有条狗。一天，他带着狗出去打猎，在山谷里看到一辆装满金银财宝的牛车。牛车坏了，停在那里，车主人正坐着发愁。看到猎人过来，车主便招呼说：‘朋友啊，我想到前面的村子里去请个车匠。你能不能帮我看会儿车呢？’猎人答应了。但他一直等到傍晚，也不见车主人回来，他想：‘我的老妈妈生病独自在家，我得回去看看她。’于是就对他的狗说：‘你在这儿别动看着车，要一直等到车主人回来。车里的东西可一点也不能动啊！’说完他就走了。

“狗忠实地按照主人的吩咐，照看着拉车的牛，不让它离开，还绕着车来来回回地转悠，就像一个好更夫那样。而车主走了好几个村子，一直走到半夜，才找着一个车匠。回来一看，猎人已经走了，只剩下他那条狗还忠实地看着车。车主想，这真是条好狗哇！就赏了一些银子，打发它回去。猎人正在门口等着自己的狗。狗看见主人，就把叼着的银子放到地上。猎人一见，火了，说：‘我本来让你好好替人家看东西，可你反倒偷了人家的银子！’说着，他拿起大棍子就把狗打死了。”

“唉！多么可惜啊！这么好的狗让他错杀了！”可汗叹了口气说。

“得，您叹气了。”说完，神鸟一眨眼就飞走了。

可汗埋怨自己说：“唉！我怎么忘了不准叹气呢！”他折回山林，又从万年古松上捉下神鸟。路上，神鸟说：“我再给您讲个故事吧。听说有个妇女，她有只猫。一天，妇女要去打水，她对猫说：‘你好好看着摇篮里的孩子等我回来！’妇女走了以后，猫就趴在摇篮边为孩子轰苍蝇。忽然，跑出来一只大老鼠，想咬小孩儿的耳朵。猫非常生气，就全力以赴地去追那只老鼠。哪想到这时，又有一只大老鼠跑了出来，一口咬掉了孩子的一只耳朵，孩子痛得哇哇直哭。那只正在追赶老鼠的猫听到哭声赶紧跑回屋来，一爪子拍死了大老鼠。然后，坐到孩子跟前，给他舔耳朵上的血。妇女回来一看，怒不可遏地说：‘我让你看着孩子，你倒起了黑心，把我孩子的耳朵给吃了。’说完就把猫打死了。然而当她发现地上躺着一只死老鼠，嘴里还叼着孩子的耳朵时，才知道自己错杀了猫，不由得哭了起来。”

“唉！真可怜！”可汗刚一叹气，神鸟扑棱一声又飞走了。

可汗第三次返回了山林，从万年古松上捉下神鸟。路上，神鸟又讲了一个故事：“有一年闹旱灾，有个名叫阿尔拜的人去逃荒。一路上，太阳非常毒，晒得他口干舌燥，于是，他就坐在一个高高的石崖底下休息。忽然，他听见旁边滴滴答答直响，一看，原来石崖顶上正一滴一滴地往下滴水。阿尔拜心下狂喜，赶紧掏出碗去接水，好容易接了一碗，刚要喝，飞过来一只乌鸦，用翅膀把他的碗打翻了。阿尔拜非常生气，喊道：‘这该死的臭鸟，把我这救命的水全给弄洒了！’他捡起石头追上去，把乌鸦打死了。阿尔拜走到乌鸦跟前，发现就在前边不远的一块山石的裂缝里正流出一道清泉。他赶紧跑上前，把水足足喝了个够。喝饱后，他回到刚才休息的地方去取包袱，抬头一看，只见石崖顶上躺着一条大蛇，口水顺着舌尖往下滴着。‘啊！原来我接的是毒蛇的口水！是乌鸦救了我的命！’阿尔拜后悔得哭了起来。”

可汗说：：“唉！乌鸦真可怜！为了搭救别人牺牲了自己！”

神鸟说：“您又叹气了！”就又飞走了。

“唉，算了吧。”可汗想，“确实没办法捉回神鸟了。”他就慢慢地走回王宫去了。

两位蒙族朋友的父亲——巴图尔，蒙语里是勇敢的意思，讲完这个故事后爽朗地笑了，圆圆的脸上泛起了红润。我聚精会神地听完这个故事，这才注意到蒙古包外正刮起一阵强劲的暴风雪。

“我们蒙古的牧民骑手非常热情好客，那是有名的。”巴图尔接着对我说，“蒙古人都会走出毡帐迎接客人，右手放在胸前，微微鞠躬以示欢迎。然后把客人请进蒙古包，陪客人入座，再奉上一杯热腾腾的骆驼奶或奶茶。主人面向大门而坐，家中的男子按岁数大小坐在右边，女人坐在左边，殷勤待客。客人坐在主人对面，坐在地毯或刺绣的坐垫上。”

“有些人会在蒙古包的左后方摆放佛桌供奉佛像，有些人会悬挂某位政治领袖的画像，还有人会挂镜子，就像我们这个蒙古包里一样。你大概已经注意到了，我们就坐在毡帐的中心位置。取暖用的小炉子也设在正中位置，通过一根长长的黄铜管，把烟从包顶的天窗抽出去。”

蒙古包是由架木结构搭建起来的，底部宽敞，顶部呈伞盖式，开有一个天窗。这种半圆形包顶的优点是不积雪、不存水。包内的角落里除了摆放着柜子箱子，还叠放着刺绣精致的铺盖被褥、衣物。

蒙古包

四壁挂着镜框和招贴画，包内装饰色彩丰富鲜艳，与包外艰苦的自然环境形成了鲜明对比，充满了好客之家的温馨与热烈。

巴图尔没有像其他蒙古主人一样在自家的蒙古包外迎接我们，而是在临近的屯子里等待我们的到来，他远远看见我们，就裹着蓝色的大棉袍向我们跑来，手里还牵着我们旅程最后一段要骑的马。他向我们表示了热烈的欢迎，而此时我们也已适应了一片白茫茫的雪色和身上厚厚的皮袍的重量，骑马走在冬日刺目的阳光照耀下并不困难。我们来到一处能避开凛冽寒风的洼地，十几个蒙古包围绕一块开阔的空地组成半圆形。畜栏里有马匹、骆驼、绵羊、羊羔、山羊和猪——很肥美的样子，柴火和煤块堆与湛蓝澄净的天空下，绵延起伏闪闪发亮，不见树木的群山景色十分和谐。

我们亲切和蔼的主人又继续说道："成吉思汗离开这片大草原征服了中亚和欧洲的部分地区。从这里他越过长城，奠定了元朝的版图。元朝自 1279 年起统治中国近一个世纪。蒙古族是游牧民族，我们蒙古人了解并且热爱这片大草原，了解并且热爱草原上繁盛的动物，崇敬和尊重大自然，敬畏生命，与草原和谐共存。"

"我注意到草原上有非常广阔的围网。"我说。

"这是冬天为了保护我们的草场设置的，这样牧群在干旱的冬季才不会饿肚子。我们通过围网把牧区与广袤的草原隔开，以保证我们的动物一年四季都有草吃。夏天的景象就完全不同了。农历七月是这里的黄金季节。气候特别好，牧草丰盛，牛羊肥壮，各种奶制品丰富、量大，'那达慕'大会也在那个时候举行。"

巴图尔说话的时候，他的一个女儿已将一个铜锅端上了主桌。锅身高约 25 公分，锅胆下宽上窄，中间部分是圆形的锅盆。巴图尔的女儿通过锅胆底座上的小门向炉膛里添加炭火，然后在锅里倒上水。我们面前摆了羊肉片、青菜、面条还有各种酱料，我学着其他人的样子，用筷子夹起一片肉，放入锅内烧开的滚水中。不一会，肉煮好了，大家相互谦让地将涮好的肉夹到各人的小碟子里，主人不时热情地话着家常。这羊羔肉蘸上调料口感鲜美，吃下去身体舒服又暖和，不愧是蒙古人冬日的一道特色美食。

“‘那达慕’在蒙语里的意思是‘娱乐’、游戏。蒙古人个个勇敢，喜爱摔跤、赛马、射箭。这一传统节日的前身是游牧部落里组织的军事体育训练。在那达慕的三项竞技中获胜的选手会获得奖品和奖金。在古代，军队得胜归来、新的部落首领即位或任命将军出征打仗时都会以这种体育竞赛的形式来庆祝。由于喇嘛教的影响，那达慕期间要进行祭祀活动。而如今的那达慕是传统与现代相结合，不变的是节日的气氛依旧热烈。”

“摔跤是最受欢迎的项目。传说成吉思汗还是孩子的时候就曾三次胜过一位著名的摔跤手。他当上可汗之后曾把摔跤定为所有将士都要通过的考核项目。摔跤比赛气氛庄重，选手们上身穿镶有铜钉或银钉的皮坎肩，下身穿着刺绣的大裆裤，足蹬蒙古靴，腰间是短短的彩色围裙。他们唱着勇士前进的摔跤歌，脚下踏着传统祭祀舞蹈的步子，全场观众都随着他们一起高声歌唱。摔跤比赛规定膝盖以上任何部位着地都为失败。获胜的摔跤手胸前会挂上彩缎条儿，获得‘雄鹰’的称号，除了得到奖品，还会被人们称颂多年，声名远扬。”

“那达慕盛会期间还有热闹的集市：各类小吃铺、摄影棚、书店、药铺、商铺，大草原成了一个欢乐的乡镇。晚上大家围坐在在篝火旁饮酒作乐，合着马头琴载歌载舞。”

我们聊着夏天的节日盛会，然而现在却还在数九寒天。一天下来的各种活动已让我们筋疲力尽，明天还有更重要的活动等着我们，肯定会是最热闹的一天。睡觉去！我们在地上铺好被褥，裹在厚厚的棉被中，烤着热烘烘的炭火，又说了一会话，草原上安静得出奇。一天的疲劳加上周围的寂静令我们不知不觉进入了梦乡。

第二天午后刚过，乌德芭就在家人的陪同下骑马过来了。她和所有人一样身上裹着宽大厚重、长至膝盖的袍子，袖子也很长，高领，掐腰，白色毛皮帽下是新娘灿烂的笑脸。

巴图尔牵起她的手，带她来到我面前做介绍。她已脱下外套，一条引人注目的长辫用红色和绿色的缎带束起，头上戴着宝石和珍珠的发饰，颈上戴着银项圈。她身材纤细，身穿绣花礼服，腰带很宽，脚上是一双长皮靴。她很有风度的双手合十，微微一鞠躬同我打招呼。这时米盖尔也走过来了，“她今年十七岁。”父子俩同时对我说。众人都被两人的默契逗笑了，笑声中是掩饰不住的喜悦。

来宾有八十多个人，大家热热闹闹地围坐成一个大圈。席间是源源不断的烤羊肉块，大瓶的蒙古酒——是用粮食和奶发酵制成的。酒是烫过的，盛在小银碗中，碗里还有牛油。各式蒙古特色美食：熏肉、黄色质硬的奶酪、骆驼奶、面条、小包子、青菜、调味料，一样一样地端了上来。六个身穿蓝色礼服、佩戴银饰的小伙子带着各自的乐器走到酒席中心位置。坐在我身旁的拉斐尔对我说：“相传一位牧民为了纪念死去的爱马制作了这种二弦琴，弓弦是用马鬃和马尾毛做的，琴柄顶部还雕刻了一个马头做装饰。”琴声悠扬朴素，令人不由得联想起过去的游牧生活。乐声时而浑厚低沉，时而高亢嘹亮，音域非常宽广，交织出一曲悠长伤感的旋律与孤独的情愫。几位客人听得如痴如醉，和着节拍低声哼唱起来。

一会儿，一个小伙子走上前，面对众人鞠了好几个躬，大家都热烈地鼓起掌来。“这是即兴表演。”拉斐尔对我说。这位歌手的歌声清亮且变化丰富，令人十分钦佩。他先是唱起一连串欢快的声音，像是马群或是民间集市上的声音效果，十分逼真，我猜不出来是怎么发出来的。有时候我感觉似乎同时听到两个或三个人在唱，音色非常和谐，像是一种和声。巴图尔总是关心照顾着我，此时他坐到我身旁，低声向我解释说：“这是蒙古族独特的呼麦唱法，非常受人欢迎，难度很高。唱呼麦时要调控腹肌、喉和声带的配合运动，呼麦歌手可以同时发出几种不同的声音，声音效果非常惊人。我们蒙古人说音乐是在这片大草原上产生的，后来才传遍世界，的确是有几分道理的。”

接着，又一个神色狡黠、表情滑稽的少年进了场。他用口技模仿鸟儿打架的声音，惟妙惟肖，惹得众人哈哈大笑。接下来他又模仿了各种动物的声音，瀑布声、雨声、风声、暴风雪的声音、万马奔腾的声音，还有各种人说话的声音，我们这些第一次听他表演的人被他这绝活惊得目瞪口呆，观众们雷鸣般的掌声经久不息。

接下来出场的是四个身着绿色丝质礼服、梳着发辫、扎着发饰的少女。她们手拉着手缓缓地跳起舞来。过了一会，舞蹈的节奏加快了，蒙古靴随着她们的小跳叩击着地面。她们的步伐和手臂的舞动格外整齐，令人联想起古老的祭祀舞蹈，六个演奏乐器的小伙子在一旁给她们伴奏，乐声庄严。

太阳要下山了，厨房里又燃起了炭火为大家加热食物，周围也被点亮了。许多客人陆续告辞，留下来的客人都去了最大的一个蒙古包。包里点着灯和灯笼，灯光有些昏暗，墙上贴着红色的囍字，我们继续与新婚夫妇分享他们的喜悦。有人在横梁上吊了个漂亮的大苹果，夫妇俩要努力同时咬到苹果才行，他们着急又害羞的表情让大家更兴奋了。

歌声还在继续，在场每一个人都唱起了不同风格的民歌，组成了一场异彩纷呈的即兴表演晚会。草原的宁静、牧民的生活、热闹的集市、欢乐与憧憬、思乡与失落、暴风雪与灿烂的阳光，种种这些从歌词与乐曲声中一一流露出来。巴图尔和众人一样，唱得字正腔圆，充满深情，仿佛正站在那一望无际的大草原上，白云下面是骏马在飞驰。一首忧伤的保留曲目唱罢，他郑重而真诚地对我说："在我看来，音乐是人类最重要的区别性特征之一。"

透过小小的窗户，我们可以望见远处那苍茫的群山上，断断续续，没有连接起来的逶迤的长城遗址兀自立于山巅，默默地对抗着时间的流逝。"在军事要塞地区，小段城墙可能多达十段，"拉斐尔向我解释说，"因此长城的确切长度很难估算。有人说有七千公里长，谁知道呢？雁门关长城的关外设有大石墙三道，小石墙二十几道，还都是平行的！”

“要考证长城最早从何时开始建造并不容易。早在公元前起就开始修筑一座座互防的城墙，后来这些小段的长城被连接起来，构成了现在万里长城的基础。其实在新疆沙漠地带以及其他一些地区也有一些因为各种原因而半荒废的长城，一些人并不了解。”

乌德芭和米盖尔幸福地微笑着，心中装满了对家乡的回忆和对未来的憧憬。我们已经从呼和浩特坐上了返程的火车，现在他们又一次踏上了漫长的旅途。米盖尔此时开口了：“你知道明长城是防御性质的，蒙族和满族修建的长城起威慑作用，而汉代长城是进攻性质的。汉代重要的边城之所以能毫发无伤地守住，正是因为长城把草肥水美的大草原围在了里面，而塞外则是自然条件恶劣的沙漠地区。”

“长城城墙平均高八米，墙基宽七米，顶宽六米，是由敌楼、炮台、烽火台、营房等多种防御工事组成的一个个真正的雄伟的边塞堡垒。长城东边起点座落于渤海之滨，这里的海防极为重要，好几处高大的军事建筑组成了严密完备的防御体系。长城横跨崇山峻岭，蜿蜒如一条巨龙入渤海，所以海边的长城之首称‘老龙头’。”

“与这一地区的长城相关的有一段著名的传说，人们为此还修建了一座庙以纪念这段历史，这也象征着修建宏伟的万里长城所需要付出的高昂的生命代价和给人民带来的巨大苦难。这段传说在众多民歌、诗词、戏剧中都有出现，尽管人们并不确定它究竟发生在哪朝哪代。故事的主人公就是著名的孟姜女。”

说有一日，住在城中一个村子里的孟姜女到家中后花园去散心。一个年轻公子敏捷地从院墙上跳了下来，恰好被她撞见了。年轻人急忙向她请罪，诉说了原委，原来皇帝为修筑长城到处在抓壮丁服徭役，他刚刚从家里逃了出来。孟家人听说后很同情他，便将他藏在府中，等风声过了再说。后来两个年轻人相爱了，准备结婚。没想到就在婚礼当晚，青年被人告发，又被官兵抓走要送去服徭役。

孟姜女来同他告别，把一块玉佩掰成了两半，对丈夫说："我这颗心就如这块玉石般贞洁，你收好这半块玉，见玉如见人。"

关于长城修筑的消息不断传回家乡，人们说徭役劳动艰苦万状，成千上万的徭夫都不堪折磨劳累致死。孟姜女的丈夫一直杳无音信，她见秋天来了，候鸟南飞，便决定去给丈夫送棉衣。她辞别父母，开始千里寻夫的艰难旅程。一天她累得昏倒在路上，醒来时发现自己躺在一张床上，原来是一位满头银发的老妇人救了她。孟姜女恢复了体力之后又上路了，那位老妇人陪着她走了三天三夜，孟姜女正要好好感谢她时，老妇人却突然不见了。还有一次，孟姜女迷了路，后来在一群鹅的指引下终于来到了长城脚下。

在这里她见到了许许多多精疲力竭、饿得皮包骨瘦的徭夫。怎么找到自己的丈夫啊？她没有退缩，坚定地爬上了高山，登上了长城，开始高声呼喊丈夫的名字，直到声音都嘶哑了，她的丈夫依旧没有出现。最后，几个从她家乡征来的好心的徭夫告诉她，她的丈夫三天前已经死了，和其他累死的徭工一样就地埋在这长城里筑墙了。

孟姜女闻听此话悲愤交加，放声痛哭起来，直哭了三天三夜。第一天晚上，她哭得天公变色，第二天晚上下起了倾盆暴雨，第三天晚上地动山摇、飞沙走石，长城崩倒了一大片，把残忍的监工和官兵都埋在了倒塌的墙下，成千上万的徭工尸骨露出来了。孟姜女看到一片白骨中一只手上拿着她熟悉的半块玉佩，登时昏了过去。

皇帝听说了此事，就召见了孟姜女。一见之下发现她貌美非凡，便欲纳她为妃。孟姜女对他说："要我作你的妃子，得先依我三件事：一要为我夫君送葬，为他修坟；二要为所有修长城死去的徭夫立墓纪念；三要皇帝身穿麻衣亲自去坟前祭奠。"皇帝一一照办了。孟姜女见心愿已了，便登上一块高高的岩石，纵身跃入了波涛汹涌的大海。

"在距离海边老龙头长城六公里处，有一块巨石，传说就是孟姜女的墓石了。这个故事世代流传下来，表达了人们对封建暴政的反抗，讴歌了青年男女的忠贞爱情。我想起了一首歌，唱的就是孟姜女在动身去长城寻夫前为丈夫缝寒衣的情形。”

“等待我们的也是漫漫长路啊。”拉斐尔说，“但是现在条件完全不同了，我们一路有朋友相伴，前方有我们热爱的工作在等着我们。你知道，我们喜爱烹饪，特别是看到客人们爱吃我们的菜，我们就特别满足。”

“看来，你们开新饭店的计划一定会成功啊！”我说，“你们已经想好叫什么名字了吗？”

“我们还没定下来呢，”米盖尔摇摇头说道：“我们想过叫‘蒙古’‘长城’‘南京’‘白马’‘友谊’‘乌德芭’……”

“为什么不让乌德芭来挑名字呢？”

“让我挑的话，我就叫它‘友谊饭店’。”姑娘坚定地说。

听了她的选择大家都满意地笑了。

有根株于下

假期刚到北京不久，我有幸认识了肖大元。虽然他还在一个厂里工作，却是一位职业书画家。许多年前，单位发现他的艺术才能后就全力支持他的绘画事业，同时他也不脱离单位。

我们相遇是在一个共同的朋友家。大元刚刚举办完个人画展，大家在一起庆祝。聊天过程中，我得知他也在做老师。在欣赏了他的一些花鸟和植物画作，风格各异的书法以及受道教影响创作的抽象主题作品后，我想到了一个主意，一个绝妙的主意，我要聘请大元做我的老师。他欣然同意了，于是我们约定每周见三次面。

大元身材中等，比较结实，精力充沛，非常热情，身上流露出一种专家、学者的风范。我们从一开始就志趣相投，说着说着总会展开讨论各种有意思的话题，上课的时间不知不觉就拉长了。

“中国的书画同源这你知道，无论是创作书法还是画画都要沉心静气，最好在自然光下，以志同道合的良友为伴。”大元说，“王羲之（321—379）是历代书家公认的，中国最杰出的书法家之一，被后人誉为‘书圣’。他的代表作之一是在一个叫兰亭的地方写下的。那是在四月的一天，他与一众亲朋好友相约来到了山里，那里翠竹茂盛，清泉环绕。为了纪念这次集会，他用鼠须笔挥毫在茧纸上写下了举世无上的书法作品《兰亭序》，后来连王羲之本人也无法临出一模一样的字来了。”

公元636年唐朝太宗皇帝曾命人四处搜集王羲之的作品，共搜得其真迹三千多帖，独缺《兰亭序》。后来他听说有个和尚，是王羲之的后人，收藏有这幅作品的真迹，就派一名官员去找。这位狡黠多诈的官员骗取了僧人的信任，得以见到《兰亭序》的真迹，后来将它偷了出来。太宗皇帝非常真爱这幅作品，遂命当世名家临写《兰亭序》，公元649年唐太宗去世后，《兰亭序》的真迹作为殉葬品同他埋葬了一起。

要练成一种书体需要经过持之以恒的刻苦练习，才能逐一克服平时书写中的一些弊病。每一位书法家练字都曾经历过不断改变、适应和创作的过程。欣赏一幅书法作品是具备艺术修养的行家与作品之间的对话，欣赏者的审美趣味是在长期的实践学习中培养出来的。这种对话中可能包含认同、惊讶与矛盾。要读懂书法作品须尽力捕捉作者创作中流露出来的“精气神”，也就是点画线条及其空间组合的总体和谐生动。

书法的线条应刚劲如“骨”。起笔时有一种技巧叫藏锋，也就是落笔之初将笔尖藏于笔画之中，一笔下来不可犹疑，一气呵成，这样写出来的笔画浑厚圆润。线条的用墨和形态可比作“肉”。字体讲究骨肉丰匀、气韵神采，要有节奏感。每一字以及每一字结构而成的作品形态须精心布局、跌宕有致、起伏有变，才能做到形象生动，活灵活现。动笔前要筹划布局，讲究“疏密”留白，落笔时要果断、自信。

书法字体有许多种，其中最主要的是：篆书、隶书、草书和楷书这几个大类。篆书包括刻在铜器上的“钟鼎文”“石鼓文”等石刻文字。字体细劲挺直，笔法简单优美。隶书庄重、棱角突出，书写速度更快，笔画上具有波、磔之美，屏风和扇面上常见隶书。最受人喜爱的是草书，也就是草写的书体，简便易写，具有灵活性、富于创造性和表现力，要在继承的基础上创新，形成个人风格。楷书是雕版印刷的字体，形体方正，笔画平直，好识别，学生在学校学习的就是楷书。

草书结构俭省，用笔浓淡相间，分叉的笔毫也可见。笔画连绵，不能凝滞。创作时要先在心中筹划好笔墨运用，才能潇洒畅达，一气呵成。草书章法讲究气势贯通，要能上下承接，左右瞻顾。上下字之间要有揖有让，相互照应，亲如一家。不能拥挤或零落散漫，做到意气相聚，神不外散。结字要与整篇相配合，力求和谐统一。

据说书法结构理论有八十四法之多，足见古人欣赏与分析字体之细致入微。透过书法可以映照出人的内心世界，传达出作者情感、心绪的变化。书法也能体现作书者的性情和创造力，正如古人所云：“言，心声也；书，心画也。”古代科举考试看重书法甚至胜过文字内容。一些地方所题的诗词、谚语、名句，其实也是为了展示书法之美。有时，书法字体可以传递出文字意外的情感思绪来，也因此，诗人会将同一句诗写两遍给人以不一样的感受。

王羲之对于书法有个很精妙的比喻，他将书法创作比作一场战争。将纸比作战场，笔比作刀和长矛，墨比作盔甲，心意是将军，本领即是副将，字的结构和形式布置安排是谋略。扬笔是吉凶，笔的出入是号令，曲折是杀戮。只有“浴血奋战”后的胜出方得永垂青史。

好的毛笔笔锋柔软、丰盈、饱满，只要轻按即可。毛笔线条的粗细与用墨、力道、速度以及执笔方法相关。制作笔头的动物细毛，又叫豪料，应软硬适中，直顺有弹性。豪料需经过严格挑选，甚至要在千万毫中选一毫。使用的动物细毛包括：狐狸项背毛、东北的猪毛、山羊尾毛、鹿毛、野兔毛、猩猩毛、虎毛、松鼠毛等。古代甚至还会把一根毛分成几根更细的毛。在古书中曾记载质量最好的山兔毛采集时间在农历八月至九月间，须到高山之顶猎取野兔。

写毛笔字时一般只用笔锋，也就是大约笔毫一半高的位置，笔腹蓄墨。执笔要轻松、自如，如鱼游水中、云绕山间般自在灵活。

毛笔笔头的形制有笋尖式、细腰葫芦式、玉兰蕊式、水滴式、柳叶式、虫体式等。笔杆有木质、竹制、象牙等多种材制。有比一根铅笔细的，也有粗如锤柄的。

练习书法通常从七岁开始，可在学校或家中练习。握笔要用右手竖握，拇指与食指发力捏住笔杆，食指和中指搭在笔外侧，无名指和小指抵在笔内侧，令掌虚如握卵。教儿童练字时，有一种传统方法是出其不意地去夺他手中的笔，使他能够学会将笔抓牢。执笔要稳固，写字才能镇定自若，挥毫自如，有快有慢，作品才能多变而微妙，神奇隽永。

书法具有落笔定形、不能改动的特点。因此在作书之前，就要在心中筹划好内容和布局。书幅有纵、横两大类：纵幅即全部竖写，横幅传统是自右向左写，如今也可以自左向右写。字的笔画如人的筋骨、树的枝脉，因此不能呆板，要活灵活现，如花，如叶，如人的眼睛。

“学无止境”这个词是我初学书法时所练的四个字。我从握笔姿势开始练起，计算水和墨的比例来调出适宜的墨色，然后要蘸取适量的墨汁，再尽力写出自己心中理想的字，这是多么困难的任务啊！慢慢地，我才开始逐步发现运笔的技巧，纸的吸水度、用笔的急缓和力度等。

我没有想到的是，练习书法也将我也带入了传统文化的学习中去。我学习写的词语包括：成语谚语、名人名言、诗句、民间俗语和一些有意思的歇后语。老师让我写“绳锯木断，水滴石穿”这八个字时，我想他是为了鼓励我在长期的学习过程中要持之以恒。“白月照书窗，云鹤寿千年”说的是多读书可长寿。有些词句引人思考，比如：“农夫求雨，路人求晴，神仙难办。”还有古代哲学思想方面的：“道法自然”“大道至简”。俗语“灯不拨不亮”是在批评做事情缺乏主动性。说一个人多管闲事，可以用“狗拿耗子”来形容。“十五个吊桶七上八下”说的是人心中忐忑焦虑。“黄鼠狼给鸡拜年”意思是没安好心，为人虚伪。“竹篮打水”可以比喻浪费时间。“外甥打灯笼——照舅”，说的是一个人照旧，总是老样子。“尘埃落定，心如止水”是从古典小说中摘取的词句。

有一些词句非常优美，能勾勒出一幅美丽的画面，因此书法字体也要能体现出这种情致来。比如：“绿水无忧，因风皱面；青山不老，为雪白头。”“花随风舞，春到鸟鸣。”“近水楼台先得月，向阳花木易为春。”“湖光山色尽收眼底，千头万绪涌上心头。”“雄鸡报晓，骏马迎春。”这最后一句则既充满诗意又简洁有力。

大元会把给我的练习先全部写一遍，同时指点我一些技巧。然后就轮到我遵循他的指导，模仿他的一笔一画开始练习。望着那洁白的纸上我们勾画出的字字句句，我的心中充满了一种前所未有的奇妙感受。这像是练习一种体操，需要全神贯注，书写动作优雅，追求物我两忘的境界，因此，也是一种心理治疗。人们说练习书法可以修身养性，有益于身心健康，这的确不假。

那么在国画课上我又学到些什么呢？中国画的线条应似在纸上起舞。从画第一笔开始，每一点一线便共同构成了一幅画的整体。国画讲究处理好虚与实、简约与丰富、似与不似之间的关系。用墨的干与湿、浓与淡，用笔的急与缓，线条的粗与细须巧妙结合，相辅相成。画家在书法方面的造诣也对绘画创作大有裨益：树的枝干、衣服上的褶皱、鸟儿的翅膀、昆虫的腿等这些线条就仿佛一些汉字的笔画。中国的书法与绘画同体同源，相得益彰。

一幅好作品应留给欣赏者遐想和发挥的空间。比如画一棵竹

中国画

子，画竹竿时用浓墨，翻飞起舞的竹叶用墨较淡，那么尽管风没有画在纸上，画面整体也会显出翠竹迎风的效果。不仅如此，从画中还能够品出竹子迎风傲立的刚直高洁，这也象征着君子刚正有节的美德。国画追求的并不是单纯地模仿自然，也不是远离客观物象的抽象画法，而是主观情感与客观感受相结合的写意精神，注重展现神韵与生气，以及天人合一的精神。一幅上乘的画作应该是“诗”“书”“画”“印”四者完美结合在一起的作品，并且有时还可以从这些方面中品味出一种音韵和节奏美，也就是一种无声之乐，有形之气。

公元六世纪著名的人物画家谢赫最早提出了评鉴国画作品的标准和重要美学原则。他将中国画各个方面的特点，提炼概括成“六法”论，每条原则都只有四个字：

第一条：气韵生动。指作品的形象具有一种生动的气度韵致，富有生命力。比如画龙，那么龙鳞仿佛会摆动，甚至能看到皮下流动的血管。这不是对外部世界的简单描摹，而通是过艺术手法展现其精神气质和神韵。

第二条：骨法用笔。意思是描绘对象的轮廓要靠线的准确性和力量感。结构要有刚健有力之美。

第三条：应物象形。指画家的描绘要刻画出对象的形态外观。

第四条：随类赋彩。意思是着色应与所画的物象相似。

第五条：经营位置。意思是重视绘画的构思与构图。

第六条：传移模写。指的是写生和临摹。对真人真物进行写生，对古代作品进行临摹，可以继承和发扬传统。

大元老师孜孜不倦地把他的知识一点一滴地传授给我，不厌其烦地向我解释各种技法。他对自己的经验和知识没有丝毫的保留，总是竭力用各种方法，在适当的时候让我明白中国书画的理论与技巧。他的课是思考与练习、理论与实践相结合展开的，气氛放松而愉悦，真是一种享受。而能做到这一点，自然是源于他本人对书法艺术的热爱与追求。

“对待艺术要真诚，也就是心行合一，这是儒家思想中的一种善。中国的书画艺术是崇尚自然的，不必拘泥传统或矫揉造作。要顺应自己的天性，依据自己的心声去创作。可以用你的手指、手掌作画，也可以同时用两支笔画，在画布上、画纸上，各种材料上作画，不拘一格。”

公元十一世纪时，有一位书画家曾这样描绘自己的画家父亲作画时的情形：他坐在明亮的窗前，桌台上收拾得整整齐齐。右手边点上一炷香，正前方摆放着上乘的笔墨。他先将双手洗净，然后仿佛对待一位贵宾一般，将砚台清洗得干干净净。之后，静气凝神，在脑海中理清思路，方才开始动笔。每次作画前，他必做如此一番精心准备，整个过程从头至尾，如临大敌。

书画装裱在立式或横式的卷轴上。为解决长卷翻看不便，还有一种好似一本书状的，被称为“册页”的装裱体式。可将画作的局部一页一页展开来欣赏，具有动态效果。翻阅方式也因人而异：一般是从右至左展开，但也可以依据欣赏者的审美趣味从左至右，或跳跃式地来欣赏。册页可能有十开甚至更多页，没有固定的欣赏顺序。这种装裱方式起源于古代人们曾把团扇类的书画小品改装，收藏在这样的小册子中。

基于这一传统，也出现了个人纪念册或收藏性质的小册子，普通书本大小，以锦缎或其他考究的材质作镶料，上下表层装有硬壳封面，画心呈折扇式藏在其中。一天，一期课程快结束之前，我请大元给我画一个这样的小册子，纸的正反面都作书，作为我学习的范本，也作为纪念。

一周之后，他带着画好的册页来了。我们小心翼翼地将它平铺在桌面上，自左至右打开来欣赏。纸的一面是他最喜爱和擅长的花鸟和道家题材的作品，而另一面则是各种字体的书法。我们一起逐幅品评、分析、学习。

大元在给我讲解一些他的作品时，经常说起阴与阳、宇宙之道、气息与矛盾的和谐统一。他的创作正是从这些理论中得到启发，运用精湛独特的技法，取得了非凡的艺术效果，表现出了高超的艺术想象力与敏感性。特别是这幅精彩绝伦的书法作品，首句写着：有根株于下，有荣叶于上。

白云观

自从我第二次到北京，细细查看北京地图的时候，一个道观的名字就激发了我的好奇心，这个地方叫“白云观”。一天，我骑上自行车，凭借着自己好奇心就找到了位于北京城西南的这座道观前。

迎面看到的是一座美丽的牌楼，四根红柱子上架着很惹眼的七个楼，这是寺观门前的装饰制式。牌楼前有一对蹲伏的石狮子。从公元三世纪起，在宫殿、官府、寺庙等建筑物门口就开始用石狮子镇宅护卫，而用其他神兽守卫大门的也有。石狮子一般是左雄右雌。雄狮爪下踩着一个绣球，传说这是一种能安抚狮子的巨大的宝珠，也有传说这球是卵形，里面是一只幼师。另外雄狮鬃毛的浓密程度也能彰显出住宅主人的身份地位或寺观的级别大小。雌狮爪下的是一只幼狮。汉语中“狮子”这个词的发音是从古波斯语来的。尽管狮子在中国文化中的地位非常重要，但这种动物并不是中国古代所

白云观十二生肖壁

有的物种，据说是西域的皇帝作为礼物送给中国皇帝之后才传入国内的。

道教在中国民间有着极其悠久的历史传统，是一种哲学思想，一种宗教。白云观中有丰富的道教符号，大量珍贵文物，当然也有道士。这些道士束发盘髻，额前是一条带子，身着宽松的灰色道袍，脚上穿着黑色布鞋。道士们有的在宽敞的庭院中踱步，有的在神像前诵经，有在内殿值事的，还有的在看书、交谈。山门后面是个石铺的大院子，道路两侧有低矮的砖墙。而在其中一座影壁墙上雕有一只石猴，据说摸一摸能给人带来好运。

白云观内的第一座大殿是灵官殿。殿内正中的祭坛上供奉着一尊护法神将的木雕，这就是王灵官，本名叫王善。他身披红袍，手持镇妖伏魔的金鞭，足踏风火轮。他左手中指竖起、食指上翘的手势是在向恶人发出警告，表明护法的决心。据管理大殿的道士介绍，这个王善活着的时候并不信道，后来为表彰他对社会的杰出贡献，不仅追认他为教徒，还奉他为护法神。这全是因为他的心中有道，有大善。

他的这番话让我想起了几个月前，我随一位中国老师去江苏常州的一个佛寺游览。一座大殿殿前檐下悬有一块巨大的匾额，引起了我的注意。这块匾从右至左读作：不二法门。我认为它的意思是：没有两条路通向同一扇门。我问同去的老师如何理解，他认为意思是：通向真理这扇门的只有一条路。我们决定一起去请教寺里的僧人，而僧人说，这句佛教用语的意思是：所有的路都通向真理。

我不由得想到在这个国家漫长的历史进程中，没有出现过特别严重的分裂破坏活动，颠覆性的改革，亦或是宗教圣战。这似乎是一种传统的以综合为主的思维方式，一种调和主义，在主导着中国的传统文化思想，使得它们得以传承下来。这种传承的延续性是令人瞩目的，就好比是一条奔腾不息的大河，慷慨地接纳各个支流的汇入，且依旧保持其自身特质不变。

在这座灵官殿的廊柱和祭坛上都悬有条幅，感谢信众的布施。灵官殿后东西两侧有钟鼓楼。院中有一个铜香炉，上面刻有皇帝的名字和其他文字。此外还有驮着石碑的乌龟。

接下来是一座朱门琉璃瓦的大殿。殿壁上挂着的天神像有：南斗星君、北斗星君、二十八宿、三十六帅。殿内的柱子上悬挂着长长一串绣着仙鹤的小旗，仙鹤在中国象征着吉祥和长寿。神龛前垂挂着许多幡条，上面绣有颜色各异的“寿”字，此幡为慈禧太后御赐。据说为庆贺老佛爷过六十大寿，总共绣了三千六百个寿字，寓意是六十岁的六十倍。神龛上供奉的是玉皇大帝，他是道教中的最高尊神，统领三界：欲界、色界和无色界，执掌四生六道。

最后一处大殿在道观尽头的左手边。殿内有六十尊神秘的塑像，即六十甲子神。六十甲子由十天干与十二地支相配得来。这些神像的姿势、表情、色彩、手里拿的法器都各不相同。从这些塑像里还可以找到每个人出生那年对应的本命神，非常有意思。我出生的那一年对应的是一位神态威严、目光如炬的神将。他脑后有一轮太阳，身披金光灿灿的袍子，手里拿着弓箭。这不由得激发了我的想象，然而却又想不出个结果。

白云观的后花园是三个连在一起的院子。里面有亭台楼阁、假山和造型奇特的石头。从这里可以欣赏到美丽的日落。每到阴雨天的时候，园中的景致仿佛仙境一般，在云雾中忽隐忽现。

农历正月十九是白云观最热闹的一天，因为这一天是邱长春祖师的圣诞，会组织庆贺法会。传说这一天，邱道长可能会装扮成官吏、妇女、乞丐或是小道童混在入观参观的人群中，还会藏在某个不引人注意的角落。谁有机会能碰到这位神仙便可祛除百病、消灾延寿。许多游客甚至晚上都在道观中彻夜不眠，期待能遇到神仙。这一天道观内外格外热闹，有集市、民俗表演、杂耍的等各种活动。

道教主张通过心性修炼达到内在的最高精神境界，以长生成仙为终极追求。所谓“道”是一种看不见摸不着的混沌状态的元气。修道的方法包括：静坐、瑜伽以及各种方术。道家的理想境界可以理解为一种本真质朴的状态。道家说的天界风景很美，得道的仙人，其中包括有许多诗人，在天宫过着隐秘逍遥、自由自在的生活。

传说李白很痴迷道教，他曾达到了心灵神游天宫的境界。然而在这天然自在的境地里究竟是怎样一番体验，却很难向俗人解释明白。诗人在《山中问答》一诗中这样写道：

问余何意栖碧山，笑而不答心自闲。
桃花流水窅然去，别有天地非人间。

道教的“道”字即为道路的意思，也指由道形成的宇宙万物。这种世界观并不仅是一种哲学思想，它没有一个严格的体系或明确的界定。大部分道教教派都厌弃追名逐利、虚伪的俗世生活。道教徒们对外人的眼光毫不在意，他们崇尚简朴、不依赖任何人的生活。他们或是在一个小群体内生活，或是离群索居。在他们看来，所谓的区别不过是一种假象。高与低、大与小、生与死其实是矛盾统一的。道生一，一生万物。道家传统的修炼是通过练习静功、气息技巧等方式来习得诸如“呼风唤雨”等法术或其他特异功能。

老子所著的《道德经》又称《五千言》，被奉为道家最重要的经典著作。而《周易》也是道教徒笃信并应用于实践的经典著作。

上古神话中的伏羲氏乃是雷神之子。据传说，他看到蜘蛛结网而产生灵感，教人们织网捕鱼，还教人们取火种烧饭。八卦图也是伏羲创制的。八卦中的每一卦各有三爻。阳爻是连线，阴爻是断线，组成八种不同形式。每一卦代表一定事物。宇宙中万事万物都包含在八卦图中，组成了一个错综复杂的体系。比如丝绸与火属同类事物，因为摩擦丝绸会产生小火花，丝质热，在日光下呈现出七色。“乾、坤、震、巽、坎、离、艮、兑”分立八方，象征“天、地、雷、风、水、火、山、泽”八种自然现象。

如上面的八卦卦象图所示，乾卦三阳爻，为天，为父，是刚健有为之象。三阴爻为坤，坤为地，为母，象征消极，顺从。坎卦阳爻居中，阴爻在上下，为水。与其相对的是离卦，阴爻居中，二阳爻居外。震卦为雷，初爻为阳，二、三爻为阴爻，与巽卦相对。巽卦为风，初爻为阴爻，二阳爻在上。最后一组相对的卦象是艮卦与兑卦。艮卦为山，是阳爻在上，二阴爻在下。兑卦为泽，是阴爻在上，二阳爻在下。八卦互相搭配又形成六十四卦。

《周易》的内容是解释卦辞和爻辞的含义与种种可能性。周易算卦就是通过卜卦者随机摇卦得到的卦象来占卜近期的吉凶和一生的命运祸福。比如六十四卦中的井卦是由巽卦与坎卦相叠组成，卦象如下：

根据卦象中的主爻不同，会产生六种变法。要判断哪一爻是主爻，并准确推测含义，就要请教算卦大师了。

从很早以前起，《周易》《尚书》《礼记》《诗经》《春秋》这五本经典著作就并称为五经，成为古代要走仕途之人的必修科目，也是科举考试的主要内容。

从白云观出来，我蹬着车，满脑子一会儿思考着天与地、乾与坤两种力量间此消彼长的关系，一会儿又想到刚刚看到的那些栩栩如生的神像。而想到神像我不由得回忆起很久以前在南京时的一个经历。

那时，我认识了一位雕塑家，他的妻子是越剧演员，和老孙的夫人林春在同一个剧团。人们常说，朋友的朋友大概会出现在最意想不到的地方，做着最意想不到的事。而这位朋友的朋友，不仅与我交情深厚，还是南京艺术学院的雕塑老师。他个子不高，精力充沛，说起与他的专业相关的话题来滔滔不绝。

一天，我与这位雕塑家在他的学校里见面。他正在工作室里捏塑一座陶土像。作品的题材让我很吃惊：这是为一部以欧洲为背景的中国电影所制作的巨型天使塑像。我同他聊起了中国雕塑的话题：“听说，中国雕塑起源于从印度传入的佛教雕塑的影响，是这样吗？”我问道。

“我当学生的时候，学校是这样教的。但是现在通过考古发现，早在佛教传入中国之前，中国就已经有了重要的雕塑作品。雕塑与佛教后来并肩发扬光大，而且，印度佛教雕塑传入之后，也受到汉地影响，形成了一种全新的艺术风格。”

古代为王侯陪葬的有大量奴仆、战俘、士兵，甚至还包括皇帝的妃嫔与好友。后来雕塑品取代人殉成为陪葬用品，这些塑像负责陪伴帝王在另一个世界中生活。人体塑像也随之发展起来，尤其是面部塑像。

除陪葬雕塑外还有各种浮雕。在宫廷和日常生活的物品，如吃饭、喝水、做饭的器具上都有浮雕，雕刻题材内容包括各种人物、动物、神兽等。神怪、龙、狮子、掌灯或演奏乐器的少女……各种雕刻形象随着考古的发现不断被挖掘出来。一尊精巧的汉代青铜马的雕塑，一匹骏马飞驰向前，三足腾空、一足踏飞燕着地。这件作品构思大胆，令人叫绝。马的重心位置和飞燕在一条直线上，才能够稳稳地踏在飞燕上。在人物雕塑形象上，我最喜爱的要数击鼓说唱俑了。这件陶俑左臂抱鼓，右手举槌欲击，作击鼓说唱表演。神态诙谐，动作夸张，将古代深受人喜爱的说书人表演展现得淋漓尽致。这件艺术品也因此在中国雕塑史上占有重要的一席之地。关于说书人这个题材，还有个小故事。唐代一位雕塑家雕了一尊说书人的彩塑，立在街角的阴凉处等着看大家的反应。结果所有的行人都停下来，跟这个塑像打招呼。待他们发现上当后，都纷纷向这位雕塑家表示祝贺，由衷地赞美他高超的技艺。

古代佛教雕塑起源于印度，受古波斯与古希腊雕塑的影响。而佛教雕塑传入我国后，也受到了汉地艺术的影响，比如，中国的宝塔就起源于印度的舍利塔。佛像的面部特征也逐渐汉族化了，佛的耳朵和手臂都偏长，这在中国是幸运和福气的象征，佛像的衣饰层次较多，较厚重，身体裸露的佛像没有了。自唐朝起，佛像的体态愈加丰盈饱满，比如供奉在寺庙前殿笑迎天下客的大肚弥勒佛像。

击鼓说唱俑

在佛教道场中也有对世俗生活场景的精彩展示，比如，四川大足石刻中有一位养鸡女在喂鸡吃虫，两只鸡还在争虫；一位妇女正搀扶着喝醉的丈夫，而丈夫却认不得她了；哥哥醉酒后对弟弟破口大骂……这些都是破坏佛戒、要下地狱的行为。此外，也有表现虔诚礼佛、乐善好施者的塑像。这些群塑展现出了高超的艺术技巧，是对普通百姓生活的生动记录。

佛像的手部表现形式异常丰富。大足石刻中就有一尊罕见的千手观音像，观音的每一只手中还有一只眼，并执有法器。要弄清楚这尊观音究竟有多少只手，可不容易。要在每一只手上贴上一个编上号的小纸片，最后再来数一共贴了多少张纸片。最终人们发现这尊观音像共有一千零三只手。

许多寺庙中都有五百罗汉堂和神态威严的守卫佛门的神像。这些塑像肌肉饱满，神态动作生动、逼真。有的怒目而视，有的眉开眼笑。这些雕塑也体现了中国古代对于人体结构研究的兴趣，有强烈的现实主义风格。

佛教造像中的精品集中展示在全国各地大大小小的石窟中，其中最重要的一处是距离北京较近的山西大同的云冈石窟。石窟中大

云冈石窟

小佛像多达四万余尊，大佛像有高达十几米的，小佛像也有仅几厘米高的。这些造像的发式、轻薄贴身的衣饰、衣服上的褶皱纹路以及大象的雕塑都带有明显的印度佛教的艺术特色。从造像的胡须、手持兵器、狮子坐骑等造型上也能看出古波斯、拜占庭艺术的影响。古希腊艺术的影响体现在莨苕纹样、三叉戬等一些细节上。另外，佛像身上雕刻的华丽饰品也体现了中亚艺术的审美趣味。

排在第二的是河南洛阳的龙门石窟。排在第三的是甘肃天水的麦积山石窟，最后则是四川的大足石窟。而甘肃敦煌石窟中的壁画则比其精美的彩塑还要著名。这座石窟是一座融绘画、雕塑和建筑艺术于一体的规模宏大的佛教艺术宝库，具有极高的艺术造诣与科学价值。据说如果把莫高窟中的壁画一幅幅连接起来，将可以组成一座高五米长达二十五公里的画廊。

中国传统的雕塑艺术形式还包括园林中的石刻，富有生活气息、种类极其丰富的陶瓷雕塑，无锡彩塑泥人，刻在山崖上的摩岩石刻，其中四川乐山大佛是其中的杰出代表，通高 76 米，还有印章雕刻艺术，在一方小石头上雕刻出各种装饰形象。

以神龙所生九子为主题的雕塑也比较常见。公元五世纪的史籍

《后汉书》中记载了一个传说。一位妇女在河边洗衣服，身体碰到了一块木头就怀孕了。不久，她生下了十个孩子。这块木头变成一条龙爬上了岸，九个孩子看到它都吓跑了，只有一个孩子爬到了父亲的背上，然后就随父亲一起消失了。

而剩下的九个孩子都没成为成龙。它们根据各自的喜好不同，有着不同的职责，出现在不同的地方。长子是赑屃，样子似龟，喜欢负重，是碑下龟。次子螭吻，天生好险，喜欢爬到殿脊上四处眺望，而且贪吃能吞。三子是蒲牢，耳聋且喜爱音乐，声音越大它越兴奋，因而充作洪钟提梁。四子是狴犴，它能主持正义，犯人们都惧怕它，狱门或官衙正堂两侧都有它的像。五子是饕餮，非常贪食，因此饕餮常出现在一些厨具器皿上。六子名霸下，喜爱在桥下、湖水、泉水中游泳。七子睚眦，总是怒目而视，嗜杀喜斗，因此雕镂于刀环剑柄上。八子是狻猊，是佛祖胯下坐骑，喜烟好坐，所以形象一般出现在香炉上。最后一子是椒图，性好僻静，因此人们将它用在门上，口中衔环，镇守妖邪以保一家人安宁。

小张是一位充满想象力的雕刻家，江苏省内有许多地方都能看到他的作品，他也是我的朋友。一天，他意外地提出为我塑一个半身像送给我留作纪念。我当时灵机一动对他说："我知道你对西方艺术特别了解。请你创作一个特别一点的，以圣家族为主题的雕塑送我如何呢？"

几天之后，小张抱着礼物盒子来了。打开后，我看到圣约瑟是一张中国脸孔，身着古代官袍，怀中抱着小耶稣。圣母玛利亚站在他身旁，梳着宋朝发式，双手握在一起，神态殷勤专注。这尊小雕塑不仅雕工精细，极具个性化，同时也是中国文化中家庭关系的生动展示。

随风起舞

几周前，一个周六的早晨，我正忙着翻译一句中文谚语：路遥知马力，日久见人心。最后，我终于弄懂了这句话的意思，正兴奋不已，思考着哪种译法更好时，电话铃响了。是外教办事处一位中国朋友打来的，他问我下午有没有兴趣出去转转？我愉快地接受了，心下好奇，不知道是叫我干什么去。

下午两点，我们这一组由外教和中方职员组成的团队出发了，大客车朝北京的西部驶去。两小时后我们来到了门头沟，有人领我们进入了一个巨大的体育场。这里似乎在准备迎接什么庆典，体育馆的入口处、看台上到处都挤满了人。我们的队伍被带到跑道一侧待命。过了一会，我们每个人，包括小孩子都领到了一只风筝。大小不一，造型各异。我领到的是一只“大头燕”的风筝，翅膀可以活动。然后，我们带着各自的风筝不明所以地跟在一块白色小牌子后面列队从看台前走过，并绕场一周。我们好奇地四处张望，而看台上的观众也同样好奇地注视着我们。场地四周有好几支管乐队在吹奏进行曲配合我们行进。一些看起来似乎是领导的人热情洋溢地在向我们挥手致意，仿佛在鼓励我们赢得什么奖品。

随后，我们跟着那块小白牌子又走到场地中央，面朝主席台停下。从这个有利位置，我们可以欣赏到大约五十几支群众表演队伍一一入场。他们身上的服饰各具特色，为场地增添了节日的喜庆色彩。他们合着自己队伍里的乐器舞动着：有踩着高跷表演的舞者，后面跟着笛子手和鼓手；有身着传统服饰翩翩起舞的少女，她们的裙子好像小船一样随着节拍优雅地来回摆动；孩子们的杂技表演看得人目瞪口呆；还有各种少见的乐器，比如大鼓和钹等；有古装扮相、戏曲扮相的人物，还有扮成熊、鹿以及神话传说中的怪兽的……表演者们戴着彩环、手里舞动着彩带或花束、脸上戴着面具、手里敲着小鼓或摇着异域风情的铃铛、鲜艳扎眼的少数民族服饰、烟火爆竹齐鸣……体育场上顿时变成了欢乐的海洋。

热闹的游行表演结束后，我趁着间隙的时间满足了一下好奇心。我想知道带着我们队伍走的那块白色小牌上到底写着什么。我凑近几步一看，上面写着：加拿大。哈哈，我想到自己要是真有机会获得双重国籍，未来可能会享受哪些好处……不由得笑了。

没过一会儿，风筝节就开始了。由六名男子举着五条摇头摆尾的巨龙进场了，龙身长约 50 多米，升入空中后，身子抖动着，还不断发出响亮的哨音。负责放风筝的几名男子朝着不同方向四散开来，努力借助风势掌握巨龙的平衡。这巨龙真像是神话传说中写到的蛟龙出海啊。

有人说他一直在数整个运动场上一共放飞了多少种风筝，数到两千时，他终于不再数了，开始欣赏这些美丽的风筝。十几只野鸭子，用看不见的细线拴在一起，在空中迎着风摇摇摆摆地走着，而控制它们步伐的是地上的一名少年，拽着风筝线指挥它们向前走。

风筝

空中飞舞的还有佛教道教中的图案和符号、历史和文学作品中的人物形象、章鱼、蜈蚣、蜘蛛、金鱼、蜻蜓、蝙蝠、白鹤、喜鹊、燕子、花朵、水果、象征着长生和富足的二龙戏珠、点着蜡烛的灯笼、宝塔、殿堂庙宇。各种哨声、乐曲声、爆竹声交替着混杂在一起，热闹极了。一只巨鹰，展开双翅有三米宽，身上覆盖着真正的羽毛，眼神异常锐利。负责放这只风筝的人告诉我，曾经周围的鸡看见这只风筝在空中翱翔都吓得四处躲藏。

在风筝的体积和技术方面最令我震撼的一组风筝是由小说《红楼梦》中的几十个人物绑在一起组成的。这组巨型风筝在起飞前被绑在一辆卡车上，升空后由几十个人控制着，发出巨大的哨音。随着这组风筝升空又是一阵震耳欲聋的鞭炮与欢呼声，观众与风筝主人们的热情空前高涨，这真是令人难忘的一刻啊！

我见到了各式各样三维立体的风筝，可以快速收放的特殊线轴；听到了风筝发出的或低或高、或和谐或刺耳的各种哨声、笛声；还见识到了可以发光、释放烟雾、制造爆炸或各种声音特效的精巧的装置。风筝的材质有硬的，有软的，也有可伸缩的；有轻薄的，也有厚重的。场内长鼓的鼓声、风筝的哨声混成一片，花环在眼前晃动，彩带和彩色纸屑纷纷扬扬地从空中飘落。

一位陌生人给我看了他的微型风筝，只有指甲盖大小，但接下来他给我的传说是关于巨型风筝的：在楚汉相争时期，汉军的大将率领千军万马将敌军团团围住，接着他命人用牛皮制作了一只巨大的风筝，将吹笛手系在风筝下方，令其吹奏楚地的旋律。楚军的将士一听家乡的曲子顿时人心涣散，八千多士兵纷纷溃逃，而汉军也因此不战而胜。另一位风筝爱好者给我讲了放风筝这种老少咸宜的户外运动对于身心健康的好处：常放风筝可以缓解眼睛的疲乏，使心、肺功能得到锻炼，还能祛除体内的热毒。下面这首关于风筝的诗也是他念给我听的：

夜静弦声响碧空，宫商信任往来风。
依稀似曲才堪听，又被风吹别调中。

风筝节 落幕了。一些表演者给我展示了拆装风筝的步骤，只几秒钟的功夫，他们就能把一只巨大的风筝收折成巴掌大小，真是不可思议。一只两米长的凤凰瞬间被装进了一个 20 厘米长的小盒子里，一匹白马被塞进了一个小小的口袋，简直像变魔术一样。

我不知道风筝节最后有没有颁发奖品，有太多的参与者值得嘉奖了。而对我这个既没有什么才艺，也没有什么贡献的人来说，能参与这项盛会就是最好的奖品。而在来之前，我真没想到世界上竟然会有个地方举办这样一个神奇的节日。

棒槌山

河北省承德市位于北京的东北方向，是座气候宜人的小城。真正的承德市区在这座城市的南部，承德市北部则是占地560公顷的皇家避暑山庄，以及在山庄外围所建的八座寺庙。

清朝的康熙皇帝经过四年的亲自探访、咨询、比较，选址在承德修建避暑山庄，正是看中了这里冬无严寒、夏无酷暑的季风型气候。此外，这里山水环抱、景色幽美、植被茂密。由于其地貌及地理位置，夏天来得迟，秋天来得早，是理想的避暑、休闲的圣地。

1703年，康熙皇帝下令敕建一座集行宫、园林为一体的消夏避暑山庄。环绕山庄的宫墙有近十公里，共开十座门。1860年，英法联军进逼北京，咸丰皇帝与慈禧、慈安等一众太后妃嫔仓皇出逃承德避难。第二年，咸丰帝即死在避暑山庄内的烟波致爽殿。1861年，慈禧刚从承德回北京后就发动政变，从此开始了长达半个世纪之久的垂帘听政。1767 年，乾隆皇帝下令修建藏传佛教寺庙，其中一座是仿西藏布达拉宫而建的。清朝中期的几位皇帝都笃信西藏黄教。1792 年避暑山庄终于竣工，大小宫殿、庙宇共 120 多处。

避暑山庄的宫殿区由正宫、松鹤斋、万壑松风和东宫四组建筑组成。这里是皇帝理朝听政、举行大典、接见外邦王公使臣以及农历每月初一举行礼佛诵经仪式的场所。据清朝皇室传统，每年农历九月初九皇帝都会邀请蒙古贵族来这座皇家园林聚会庆祝。

山庄的湖区上有五个小岛。岛的四周种有高大的杨树，岛上建有各式亭台楼榭。在一个岛上有一组欣赏月色、倾听水声的建筑，其中有一个殿是清帝读书的地方。岛上湖边遍种水生植物，曲径通幽，山石叠嶂，亦筑有高台可欣赏水中倒影的白云和四周的美景如画。岛上一隅还有一个书斋，藏书三万六千卷。

平原区的万树园内不施土木，珍奇古树散置其间，遮天蔽日。当年王公贵族、仆从佣人都住在蒙古包中。这里是举行皇帝最喜爱的赛马骑射活动的地方，还曾举行盛大的焰火晚会、杂技、摔跤表演等。

山庄的西北部是风景如画、群峰环绕的山峦区，海拔 500 多米。这里密林幽深，遍种松树、枫树。百鸟鸣叫，彩蝶飞舞。沟壑纵横，清泉涌流。由于这里时有野兔、麋鹿、山鸡出没，也曾经是围猎场所。在山区的最高峰上有一座四面云山亭，从这里可以眺望整个山区壮丽的全景。这里也被康熙皇帝列为三十六景之一，他为此亭题联曰：山高先得月，岭峻自来风。

山区一道峡谷地带有一组高低不同的园林建筑，这里风景奇美，又名“怡然甜憩”。汉语中常说“甘甜”，这个名字不由得让人联想到欣赏美景如吃甘蔗，甘蔗越吃越甜，看风景亦是如此，越往前走，风景越美。坚持走到最后，美景尽收眼底。

避暑山庄外围山下有十二座喇嘛教寺庙，尽管被统称为“外八庙”。其中人们参观最多的庙宇是普宁寺、普陀宗乘之庙、须弥福

普宁寺

寿之庙、普乐寺和普佑寺。普宁寺内有一尊高 23 米的观音菩萨木雕像。这组寺庙建筑群气势宏伟磅礴，融合了藏式寺庙、汉式寺庙以及蒙古寺庙的建筑风格。殿顶金光闪闪、富丽堂皇，殿内雕梁画栋、数不清的佛像、神像、佛教宝器，装饰奢华庄严。寺院建筑依山而建，整体布局和谐、错落有致。

在景区附近我向一个陌生人询问入口处在哪，这位先生就带着我去买票，然后他陪同我一起参观游览。他姓张，这是中国的大姓，名字叫大禹，和上古传说中治水英雄的名字一样。大禹是专职司机，对这一带非常熟悉。他告诉我有游客误以为避暑山庄绵延十公里长的宫墙是长城。而这宫墙是用山石沙土砌筑起来的，俗称虎皮墙。

在进入避暑山庄的正宫之前，大禹先领我去看了一堵高大的影壁墙。这道照壁位于山庄内部正门之前，作用似一道屏风，隔绝路人的视线。也有传说是因为鬼怪都比较傻，不会转弯，只会走直线，所以人们会在大门入口处设置一堵墙，断绝鬼的来路。同样，古代宫殿、庙宇、私宅屋顶上的飞檐翘角也有防止鬼从屋顶上入宅一说，并非仅是一种装饰。

此时，大禹像是突然想起了什么重要事情，回身拉起我的手，把我领到那堵照壁前。“你把耳朵贴在这墙上听一听。”他对我说。正当我努力倾听的时候，他伸出右手，掌心摊开，拍了拍墙体，墙壁里似乎发出了某种奇特的声音。“是不是有点像鸡叫啊？”他问。“的确是。”我回答。“那我来给你讲讲这奇怪的声音背后的传说吧。”

在承德城东南，有一座鸡冠山，里面住着一只金鸡。每天清早这只鸡就站在高高的山巅上引吭高歌把大家喊醒。村名们都很喜欢这只鸡，甚至会跟着它美妙的歌声起舞。

一天，来了一个身着黑衣带着黑帽的陌生人，他想要抢走这只金鸡，村民们就拦着他不让他上山。但这个人贿赂了这里的地方官登上了山。金鸡藏在一个山洞中，这个人就用头发做了一张网，点上了火，罩在了洞口，但是金鸡没有被烟熏出来。这人又拿出一只神奇的大碗，不断往洞中注水，大碗里的水总也用不尽。金鸡只好往外飞，结果被坏人的网缚住了。这时飞来一只仙鹤，它用嘴狠啄坏人的手，还把网也啄破了，金鸡得以逃脱了。这人又把那只大碗往空中一扔，碗变成了鹰隼。金鸡惊慌地向避暑山庄飞来，远远看见山庄门前这堵红照壁就一头扎了进来。而那只鹰隼跟着金鸡飞到了照壁前却刹不住车，撞在了墙壁上，掉在地上摔成了瓷片。那只金鸡从此就安然地藏身在这影壁墙里，由皇帝的卫兵守护着。每当有人用手掌轻拍墙壁，金鸡就会唱起歌来。

我们一起继续游览了殿堂、庭院、游廊，又来到了展厅。我们仔细看了那些狩猎和节庆题材的古画，画上有许许多多、各式各样的人物。从他们的服饰上可以看出他们来自不同的民族和社会阶层、各行各业的人都有：有军士、猎人、杂耍艺人、戏子、各种仆役……大量的细节，丰富的生活场景，足可供游览者耗费大半天功夫去细细欣赏清朝盛世时期的露天集会，但我们还是决定继续往前走了。

没走几步，我们在一组展柜里看到了满族禁军的制服。大禹说：“这个你肯定感兴趣。我就是满族人，我的祖上也曾经在皇家禁军服役，我了解一些细节。你注意看这些制服，从颜色上就能区分军级高低。级别最高的穿正黄军服，接下去依次是镶黄、正白、正红、正蓝、镶红、镶蓝、镶白，共八种颜色。这个排序和清朝八旗制度的等级次序一样，正黄旗是头旗。黄色的尊贵也与黄金的金色有关，被视为中国的国色。中国人是黄皮肤，中国有黄海、黄山、黄土地，还有传说中的黄帝。黄色也象征着皇权，皇帝的御用之物最尚用黄色。对了，我妻子也是满族人，她的祖上也是八旗军里的。她祖上的等级比我们祖上的要高。按照满族族规，属于上军旗的男子与下军旗的女子可以通婚，但是上旗的女子是不能嫁给下军旗的男子的。所以，要是我俩生在清朝那会儿，可就结不了婚咯！”

我们又走过了风景如画的园林，碧波荡漾的湖边、蜿蜒曲折的小径、各种奇峰怪石。我们还看到了一块高大的石碑，这是为纪念伏尔加河畔的游牧部族土尔扈特部跋涉六千多公里、历时八个月回到祖国，来承德朝拜皇帝所建的。乾隆帝不仅在此处竖立石碑，还容留他们在山庄附近的河畔生活。我们继续不紧不慢地走着，欣赏着这里汇集的两种不同风格的造园手法。南派园林幽静精巧，北方园林开阔大气。中国人说承德避暑山庄这座占地面积最大的皇家园林，将全天下的美景皆融于此，确实是有道理的。我们坐在金山岛上的一个亭子里休息，欣赏着湖水中山峦的倒影。我的朋友大禹突然问道：“你听说过乾隆和叫花鸡的故事吗？”“从来没听过。”“传说在承德一家饭馆里有乾隆爷所题的一副对联：名震塞北三千里，味压江南十二楼。”大禹说。“皇帝怎么会给一家饭馆题字呢？”为了回答这个问题，他给我讲了下面这个传说：

乾隆在承德避暑的时候，有一日由一个太监陪同微服出访，体察民情。中午时分他们来到了一个市场。那里做小买卖的人特别多，人声鼎沸，热闹非凡。万岁爷兴致来了，他想尝尝民间菜，于是顺着一阵香味找到了一家饭馆。饭馆门楣上绑着一根竹竿，竹竿上挑着一面小旗，旗上有“碧云”二字。店小二热情地招呼他，乾隆爷反正也饿了，就痛快地走了进去。这间饭馆不大，只有两层。一层有三张小桌，二层是两张大圆桌，每张桌子能坐八个人。菜单上的菜品种类非常丰富，而乾隆好奇地发现有一道菜居然要价十两银子，再一看菜名：叫花鸡。他噗嗤一声笑了，心中暗想叫这个名字还能卖这么贵，我得尝尝。

店小二把酒和凉菜一一端了上来。等了好长时间，才又端上一盘用泥巴包裹起来的菜。皇帝很诧异，问这伙计是不是在和他寻开心。而店小二不慌不忙地将这坨泥巴摔成四块，乾隆这才发现泥壳中包着一只令人垂涎欲滴的鹌鹑，香味四溢。皇宫每日的御膳多达一百道，但是此刻都比不上眼前这只“叫花鸡”。乾隆狼吞虎咽地把鹌鹑吃了个精光，只留给太监两只翅膀。酒足饭饱后他问店小二，这道菜的来历。菜名为何叫“叫花鸡”呢？

伙计于是把叫花鸡的来历讲给他听：“从前，有个叫花子在山中捡到了一只冻僵了的鹌鹑，他又没有炊具，便用泥巴将鹌鹑包裹好，用柴草架成火堆，把鹌鹑放入火中煨烤。待泥巴干了，他剥去泥壳一尝，鹌鹑肉竟然鲜美无比。这种烹制方法后来在民间流传开来，人们又不断改良，加入各种上好的调味辅料，就成了现在的‘叫花鸡’了。”

乾隆听了这故事非常开心。正准备离席，小二拦住他彬彬有礼地说您还没有付钱呢。天子从来没有随身带钱的习惯，这可怎么办呢？他犹豫了一下，就请店家拿来了笔墨和纸，对他说：“我给你写副对联吧，保你价值千金。”然后他略一思索，挥毫而就，最后又盖上了自己的一方御印。在场的人认出了印章上的名字，这才知道遇上了当今的皇帝，惊得长跪不起。乾隆哈哈大笑，起身走了。

我们又来到了一座名叫“如意洲”的小岛上，岛上临湖而建有一座石舫，石舫周围种植着美丽的睡莲。“这里叫‘云帆月舫’，名字很美，很有诗意吧。”大禹对我说，“这附近还有一处很美的地方叫‘月色江声’，在另外一个小岛上。那里适合晚上去，夜晚皎洁的月光映照着平静的湖水，山庄内万籁俱寂，只有自武烈河引入的湖水在轻拍堤岸，发出悦耳的声音。‘月色江声’的题名就是这样来的。”

我们走到了山庄的东北部。从这个角度可以看到蜿蜒的宫墙中有一段灰砖墙有些不一样，墙体位置靠前，从宫墙整体中凸显出来。大禹告诉我，这堵墙叫“大肚墙”，背后有一段这样的传说：

乾隆皇帝定期会在避暑山庄内举行各种竞技比赛。有一次他召集了王公大臣、仆人杂役一干人等举行了一场射箭比赛，他最宠爱的香妃也参加了。这一次，有一名维族青年自告奋勇请求参加比赛。由于他也来自香妃的家乡——新疆维族地区，皇帝欣然恩准他上场。这位维族小伙跨上一匹白骆驼，射出了第一支箭，直中靶心，大家一阵欢呼。谁知这青年迅速取出第二支箭，竟然对准了皇帝拉弓放箭。乾隆慌忙一偏头，这支箭正中他身后屏风上的龙头。趁着众人一阵慌乱，那维族青年骑上骆驼，飞也似地越过宫墙逃走了。

万树园里的比赛场地此刻就像炸开了锅。乾隆帝怒不可遏，下令把山庄门口的守卫全部处死，甚至命令把没有拦住刺客的那堵宫墙也处死。一位王公小心地提醒他：“宫墙是没法处死的。”“那就把它关起来！”乾隆生气地说。于是有人就出了个主意，再建一道墙体围住这堵墙，并派专人看守它。这就是“大肚墙”的由来。

从避暑山庄的景区里出来前，我们又静静地欣赏了几分钟这里美丽的全景。琉璃瓦顶、大红廊柱、影壁墙……充满了皇家行宫的氛围，没有那么威严，多了几分休闲惬意。

再看这山庄大门，古代板门上的门钉起加固门板的作用。后来，造门技术进步了，门钉被保留下来主要起装饰作用。王公国戚府邸上的门钉数目成为了等级的标志。皇家建筑，每扇门的门钉是横九路、竖九路，一共是八十一颗钉。九是权力与兴旺的象征，代表帝王至高无上的地位。

参观结束了，我们去找地方休息、吃饭。因为怎么也找不到“碧云”饭馆和“叫花鸡”，我们就进了一家饭店点了菌菇青菜面和包子，这已经令我们很满足了。包子是一种包着肉馅的面食，吃前要蒸，在中国北方地区特别流行。我还见到了厨师拉面条的过程，非常有意思：只见他先将面团揉好，麻利地将它分成同样大小的面段，再搓长成一根根香肠状的长条。然后两手抓住长条两端，抬离案板，将面条甩成约一米长。这几个动作一气呵成，一眨眼的功夫一束均匀好看的面条就拉好了。

下午，我们沿着陡峭的山路去参观佛寺，八座庙全看一遍我们是走不过来了。我们看到了一万多尊陶瓷鎏金菩萨像，每个大约七寸高。有一尊佛像上有四十五只眼睛，其中三只眼睛长在面部，其余的则分别长在四十二只佛手上，佛手上拿着各种法器。我们还看到七瓣莲花中新月和太阳升起的造像、大大小小的佛龛、密教的菩萨像、各种佛教礼器、彩绘的殿顶、回廊、石阶。

出了寺庙，不远处一块样子奇特的巨石出现在眼前——这就是俗称的棒槌山了。“棒槌”在汉语中是指民间妇女捶打衣服的器物。

棒槌山

这块大石矗立在一座山巅之上，通高有 58 米。我请我的朋友陪我一起去爬那座山峰，但他只陪我爬到半山腰便说他很熟悉这里了，不想再爬上去看了：“我在这个弯道等你吧，”他说，“你要是愿意，可以把相机留给我，我可以帮你拍照片。没准哪张照得好，还可以印在书上出版呢。”于是我独自一人向上爬，但是依旧兴致勃勃。我期待着登顶去俯瞰山下的美景，这是我听周围熙熙攘攘上去后下来的游人们说的。素不相识的人们互相交流着山上的美景，大家的感受似乎都差不多。

山路变得愈加陡峭了，有些地方台阶都没有，只能从山石上往上爬。许多人停了下来，一边喘着粗气一边计算着登顶还需要多久。我爬到一处高台，回身俯瞰山谷，只见郁郁葱葱的群山环抱着山下的河流、村落。我继续向上爬，终于来到了棒槌峰下。顺着小石阶，我一路爬到棒槌石跟前，这块巨石就如同巨人一般兀自矗立在平缓的山峦之上。

此时我感觉就像坐在一架停住的直升飞机上，这山峦平台能容下十五六个人，四面是悬崖峭壁，这里竟然也要排队才能往前走。啊，要记住在中国，人群可能扎堆出现在任何一个意想不到的地方。从棒槌石处往下眺望，首先要克服一种晕眩之感。从这里可以欣赏到山谷、森林、群山、外八庙和避暑山庄的全景，极其壮丽。

下山的时候，我和大禹并肩走着。我正在想着再去哪里转转，他就建议我说：“这一带有很多可以看的呢。我们可以到对面那座山上去。那里有个殿可以眺望棒槌山的景色。那个殿的柱子、栏杆和顶部正好可以把棒槌峰框起来，就像一幅画一样美。而且，从那个角度还能欣赏湖中棒槌山的倒影，一阵风刮起，水中的倒影会被切得一条一条的。我们还能在那儿看日落的美景。”

“太好了，我们可以一起去山上那个殿看看！还可以一起去其他地方。遇见你真是我的幸运。”我说。

“我就住在承德市，有空闲了就出来讲讲我知道的那点东西。

我们这里的人都知道不少有关避暑山庄、外八庙的典故趣闻。下次你再来，我们还可以一起转转。你来那天我就休假陪你，你从北京坐车五个小时就到这里了。快不快？过去那些皇上那么尊贵还得花两个星期才能到这里呢。”

淳朴热情的好心人啊，总会及时出现在我身边向我伸出援助之手，为我服务。多少次我在旅途中总会与他们不期而遇。无私、热心，仿佛是他们流淌在血液中的优秀品质。这种精神美德的传承难道不比我们欣赏到的那些美丽的宫殿、精致的园林还要可贵得多吗？

丝路上的新疆

当我决定去新疆维族自治区时，我并不知道竟然要坐 72 个小时的火车。但是实际上，由于这样那样的一些事，这旅途也就没有我想象中那么漫长可怕了。

和我同行的旅伴们态度都很热情，表情丰富，也是黄皮肤，但是说话很奇怪。我们打了招呼，但是互相听不懂。于是大家就微笑着交换水果、饼干、糖果，然后又几次尝试交流，但最终还是失败了。维吾尔族语言属于阿尔泰语系，使用维语的中国西北地区居民可以毫不费力地和土耳其人交流。但是，我与他们沟通不了。

一路上我翻了翻地图，看了会书，听了听音乐，吃了点东西，睡了一会。窗外闪过几段令人神往的长城，经过几个有名的大城市、一些默默无闻的小城市、田野、山地，然后突然间，荒漠戈壁就闯入了我的眼帘。

从内蒙古一直到新疆的最西端都有沙漠。这荒漠仿佛是一道由岩石、黄沙和骄阳组成的疤痕贯穿了中国的西北地区。这突然出现的景象与我们生活的世界中熟悉的景色没有一丝一毫的关联。在这荒漠面前，我的脑海中一片空白，所有的记忆都不见了踪影，一路上我聊以自慰的内心独白此刻也戛然而止了，我的思绪飞向了那闪光的沙丘，那遥远的史前时期，飞向了那荒无人烟、一望无际的大沙漠。过了好一会，我才慢慢地回过神来。我决定，给眼前这绵延无尽的荒漠写一封信，问候一声这个沉默的沙石世界：

“饱经风霜的皮肤，朴素认真的大地默默诉说着。这里是没有足迹的迷宫，四面游荡的风，梦中的地毯。

一点点的不同，微乎其微的差别。海市蜃楼的主人。奇妙的线条、奇妙的空间、奇妙的距离。你用博大的胸怀拥抱灵魂深处的空白。没有词汇、绵绵不断的低语，广袤地平线发出的讯息。

你用沙丘做饰边，你的脉搏心跳始终如一。注视着你——荒漠连着荒漠，哲思沉寂了，比喻卸下了伪装，天真说服了荒谬。沉静、优雅、从容不迫。远离尘嚣、淡泊自由的大陆。心潮起伏，感慨万千。思念、遗忘、仇恨，茫茫沙海万事皆空。

经过你的路、你的法则，佛教传入中国；经过你的路、你的法则，丝绸走向世界。

黄沙与岩石织就的锦缎，群星闪耀的镜子，月亮阴晴圆缺的恋人。风儿拂过你的面庞，时间同你倾诉。

你唤起了遗忘，也唤起了记忆。你一动不动仿佛一块被岁月遗忘的石头，你动作敏捷地将人带向那遥远的史前时期。

经过你之后，绿色更加绿了，爱更加深沉了，美丽更加动人了，生活愈加丰富美好了。无怪乎经过了你，佛教返璞归真，战胜了虚无。无怪乎你那吞噬一切的秘密令我们感觉神秘莫测。你和真相一样令人恐惧，和真相一样慈悲、简单、纯洁。

用你那不动声色而悲悯的声音讲讲你宽广的灵魂和你那不为人

知的从前吧。”

“大家好呀！”一声问候把我从沉思中喊醒，我抬头一看，车厢里进来一个新人。“你好！”大家齐声回答他。这个新来的人是用汉语向大家问候的，而旁边的维族人也知道该如何回答。他把随身带的行礼放在一个角落，外套挂在衣钩上。他坐在了我身旁，真是幸运。这个人大约有四十来岁吧，中国人的年龄我总是猜不准。他身材健壮、厚厚的镜片后面是一双炯炯有神的眼睛。他脸上挂着微笑，落落大方地向我伸出了手说：“我姓王。”

在他向车厢内其他人介绍自己时，我记起了他的姓氏“王”字是非常好写的：三横一竖。我知道这个“王”是国王的“王”，最上面一横代表“天”，最下面一横代表“地”，而中间一横则象征着“君王”本人了，代表天地间的沟通者。

“我不住在这里。”他微笑着接着对我说，“我不住在酒泉。”我朝车窗外望去，只见站台上的站名是“酒泉”二字。“我住在乌鲁木齐，新疆的首府，我要去吐鲁番。”“能告诉我你为什么要去那里吗？”我问道，他的性格魅力让我自然而然地称他为“你”，在汉语中以“你”相称也表示对对方的信任。

“我是个音乐人，会说好几种语言。我们有一个团队，致力于抢救边疆地区的民族民间音乐。我的工作包括倾听、筛选、录音、研究濒临消失的民间谱曲、编曲。哈萨克语、锡伯族语、维语我都会说。”在我看来，他不仅会说很难的语言，还十分健谈，我们后来的交往充分证明了这一点。

“如果你是第一次来新疆地区，那你大概不知道我们正在通过的这段路就是历史上著名的丝绸之路吧。”他这么一说，我连忙直起身子坐好，竖起耳朵，生怕听漏了一个字。

“古代丝绸之路曾经是一片片绿洲、一个个村落、一个个国家，自东向西串联而成的。根据考古学发现，我国养蚕缫丝的历史可以追溯到六千多年前，在商周时期每年就有祭祀蚕神的仪式。西方语言中用来指研究中国文化的 sinology（即汉学），这个词似乎是从希腊文来的。至少是在公元前五世纪，丝绸就通过贸易商队辗转来到了地中海，而欧洲人也从此发现了中国的存在。那时他们似乎使用与“丝”这个字发音相近的 Sina 来代指中国。在汉语中，我们国家的名字是‘中国’，也就是‘中央之国’的意思。而近现代起开始使用的 China 这个词的起源与丝绸之路相关，但是，是与海上丝路相关。”

“十六世纪中叶，葡萄牙的航海者曾经赶走过中国东南沿海的海盗、强盗，也因此取得了当地居民的信任。而作为感谢，也为了海防安全，当时的明朝政府就把澳门让给了葡萄牙人居住。后来来澳门定居的葡萄牙人开始管中国叫 China，因为这个词的发音与‘秦’的发音近似，秦朝在公元前三世纪统一了中国。葡萄牙人沟通了东西方的贸易往来，而 China 的叫法也传开了。中国的许多商品，特别是丝绸都通过海上通道运往世界其他地区，所以有海上丝绸之路一说。”

“我们还是回到沙漠中来吧，通过这条崎岖漫长、充满艰辛的陆上丝绸之路，中国的丝绸、瓷器、火药、纸制品、墨水等物品和发明得以为世人所知，同时我们也从西方引入了大量中国所没有的物产，比如：黑胡椒、黄瓜、菠菜、胡萝卜、西瓜、薄荷、没药、葡萄、石榴、核桃、三叶草、茉莉花、棉花、檀香木、骆驼、名马、驴。还有宝石、壁毯、玻璃、装饰艺术品、中亚的舞蹈和音乐、佛教、伊斯兰教、古希腊文化、佛经等，太多了。丝绸之路并不只有一条路，而是多条错综复杂的路段连接交织在一起，共同组成了一条给予当时世界重要养分的命脉之路，为世界历史发展进程中的不少重大转变做出了不可磨灭的贡献。”

“那么目前这条丝路还剩下些什么呢？”我问。

“西域的古城大多已经荒废了。你手里有地图吗？”

“有的，给你。”

新疆高昌古城

“你看，这里是西疆地区。这一带有十四座古城遗址。它们的名字仿佛就在讲述着它们独有的历史与文化：高昌、轮台、精绝……它们衰亡的原因有很多，包括战争、瘟疫、人口迁移、海上丝绸之路的开辟等，而且据说……”

这时一阵哈哈大笑打断了我们的谈话。我们循声望去，原来是旁边坐的那几个维族人笑得特别开心。我不由得好奇地问：“他们在笑什么呀？”“他们在讲阿凡提的故事。”“阿凡提？这是个地名吗？”老王笑了：“阿凡提是个聪明的小老头，留着胡子，裹着缠头，骑着一头毛驴周游世界。他不仅在新疆维族自治区家喻户晓，在中国其他地区和一些邻国也为人所熟知。他那些智慧的小故事，风趣幽默的语言，数百年来一直在民间广流传，深受人民喜爱。我们的邻居刚讲了几个阿凡提的故事，我翻译给你听。”

一天，一个人想捉弄阿凡提，就问他：“这些年来，我经常打猎。但是有个事情我一直没想明白，为什么猎人在射击的时候，总是一只眼睛睁着，另一只眼睛闭着呢？”“这很简单啊，”阿凡提回答说：“要是两只眼睛都闭上，猎人不就什么也看不到了么。”

下一个故事是这样的：有一位国王，刚刚登上王位，但他很愚蠢。和外国来使者讲话的时候，常常是胡言乱语地说上半天，却没有一句说到点上的。于是，国王很难堪，而在场的大臣、官员也都忍俊不禁。后来国王听从了一位大臣的建议，把阿凡提请到宫里来，给他当顾问。

阿凡提建议国王说：“陛下，从今以后您上朝时，我要在您脚上秘密地拴根线。如果您的话没错，我就不动；假如您说错了话，我就赶紧拉一下线，那您就不要再说下去了。”国王同意了。

第二天，邻国的使臣来了，国王就问他：“贵国的狗啊猫啊身体都还好吧……”还没等他继续往下说，阿凡提就使劲拉了拉线，对使者解释说：“我们的国王通今博古，他的知识非常深奥，说话喜欢使用比喻，普通人大概不太能理解他话中的深意。他问狗啊猫啊，实际上是指贵国的文官、武官；如果他说牛啊羊啊这些牲畜，那指的就是贵国的平民百姓。”

听了这番话，使者立刻起立，手放在胸前向国王躬身行礼，对国王的渊博表示钦佩。而此时，国王忍不住跳了起来，生气地指着阿凡提骂道：“蠢货！既然我说的话这么深刻，你还拉我脚上的绳子干嘛？！”

老王翻译到这里时，我俩一齐哈哈大笑起来。我不知道这些小故事他是不是也是第一次听。

又有一天，国王问阿凡提：“如果让你在金钱和正义之间做出选择，你会怎么选呢？”“我选钱。”阿凡提毫不犹豫地回答。“什么？要是让我选择，我就会选正义。阿凡提，你难道不知道正义才是最可贵的，比金钱重要得多吗？”阿凡提不慌不忙地回答说：“尊敬的国王陛下，每个人想要的都是他所没有的东西。”

还有一个故事讲的是阿凡提开了一家染布店。所有人都夸他的技术高超，布染得好。只有一位客人总是很挑剔，从来没有满意过。

一天，他拿了一块白布到了店里，冷冷地命令阿凡提：“把这块布给我染好。”“您想染什么颜色？”“很简单啊！我不想要红的，不要黄的，黑的、绿的、蓝的都不要，对了橙色、紫色、粉色的也不要。明白了吗？”“好的，先生，全明白了。”阿凡提说着把他的布装进了一个柜子里。“那好，我哪天能来取呢？”“哪一天啊……”阿凡提啪地一声把柜门锁上回答：“星期一不行，星期三、星期五不行，星期二，星期四也不行，星期六、星期天更不行。好了，那天到了你就来取吧。”

还有一位维族朋友讲的故事有点长，大意是这样的：

有一位国王自认为自己很聪明，经常出一些很难回答的问题来故意刁难别人。一次，他将一万两千名大学士召集在一起，问他们世界的中心在哪里。见谁也回答不上来，国王心里很得意。他命人将这个问题贴告示示众，说谁能回答上来，必有重赏，但要是答错了，就要接受惩罚。

许多人停下来读过告示后都摇摇头走了。唯有阿凡提，他只看了一眼告示，就骑着小毛驴赶到了皇宫。国王问他：“这么说你知道世界的中心在哪了？”“是的，陛下。世界的中心就在我这头驴子的左前蹄下。”“胡说八道！这不可能！”国王听了生气地说。“您要是不信的话，请找人把大地丈量一下便能验证了。要是我说错了，我甘愿受罚。”

国王想了好一会，只好咽了咽吐沫，又提了一个问题：“那你告诉我，天上的星星究竟有多少颗呀？”“天上的星星就和陛下您的胡子一样多。”阿凡提立刻回答。“大胆！

”“您要是不信，您可以爬到天上数数星星有多少颗就知道了，要是我的答案不对，我愿意受罚。”

“那好，”国王忍住气又问，“那你告诉我，我有多少根胡子？”阿凡提一抬手拎起小毛驴的尾巴回答道：“您的胡子就和我的小驴尾巴上的毛一样多，不信您来数数吧！”国王这下目瞪口呆，气得一句话也说不出来了。

“用餐时间到了，请您去餐车用餐。”故事讲到这里，一位身穿白色制服的年轻列车员走过来提醒大家。她头上戴着顶蓝色小帽子，上面印有红色的铁路标志。

在餐车的过道上，我们看到了个头硕大、色泽鲜亮诱人的西瓜和桃子。一阵阵清甜的果香飘来，让我记起了它们甜美的味道。“这些水果来自新疆一个叫哈密的地区。很快，你就能尝到著名的哈密瓜了。我敢打赌，你一定爱吃。说到我们这里的大水果，我又想起一个阿凡提的故事。” 老王说着，我们就挨着一个餐桌坐了下来。

有一次，阿凡提去了一个遥远的村子。当地的村民们见他来了就信口开河地夸耀说：“阿凡提，你知道吗，今年我们村里的收成特别好！就连我们个头最小的葫芦瓜一辆车里都装不下呢！”阿凡提听了这话也不甘示弱，他信誓旦旦地拍拍胸脯说道：“在我们村里，工匠们手别提多巧了，造出来的锅比一栋房子还大哩！”众人都不相信，问道：“造这么大的锅能干什么用啊？”阿凡提毫不犹豫地回答：“用来炒你们这里结的大葫芦瓜呀。”

此时，我们挨着一个小窗面对面地坐着，车窗上挂着纯白的薄布帘。老王突然惊呼了一声：“吐鲁番的葡萄酒！真是太棒了，让我们举杯为我们的友情庆祝一下吧！”他从餐桌上码放整齐的四瓶酒中挑出一瓶，把我们的酒杯斟满说道：“干杯！”我们举杯庆祝，然后品了一口这醇厚芳香的美酒。“你为什么不和我一起去吐鲁番呢？我们肯定会在一起度过一段难忘的时光的。我想把你介绍给我的一位好朋友认识，而且我们还有时间去其他一些有意思的地方。”

我高兴地立刻接受了，难以置信自己的运气竟然这么好，这一天过得真是太愉快了！“为了我们的友情，为了吐鲁番，我们再干一杯！”老王说。“干杯！感谢你的陪伴！”我说。

老王接着对我说：“维族人特别有幽默感。他们喜欢讲笑话，互相开玩笑。熟人之间爱起外号，比方说，有人很严肃，就管他叫‘冬天’，有人很强壮，就叫他‘野牛’，而‘小鸡’一般是指个子小的人。”维族人说话喜欢使用俗语谚语。比如：‘饮水不忘挖井人’，意思是人不能忘恩忘本；‘油葫芦永远洗不净’是指不可逆转的事情；‘木头锅只能烧一次’这意思很直接。”老王说到这里停了下来，很有风度地摘下眼镜，接着又说道：“我们期待的羊肉锅终于来了。”

一阵诱人的香气飘来，锅里有羊肉、洋葱、大蒜和其他香料，我们开始静静地品尝这道诱人的地方特色美食。火车有节奏地晃动着，用餐时扩音器里传来一首美妙的旋律。“这是维族音乐。”老王告诉我。此刻耀眼的阳光正透过车窗上挂的白帘布洒进餐车。

“世界第一高峰，珠穆朗玛峰在藏语里的意思是‘大地之母’，海拔高度为8848米。而我国陆地最低点，吐鲁番盆地的最低处在海平面下154米，两地的海拔高度相差9000多米。”老王和我边聊边走在绿荫覆盖、色彩明艳的街道上。

石子路的两旁是不设围墙的果园。一排排葡萄架、一片片葡萄藤蔓、一串串葡萄装点着道路两侧，真是美不胜收。从许多方面来看，吐鲁番都算得上是一个别具特色的城市。一些维族少女正攀在架子上收葡萄，她们披着颜色鲜艳的纱巾，黑色的发辫一甩一甩地好像在舞蹈。光着身子的孩子在飞扬的尘土中灵巧地骑着驴跑来跑去嬉戏着。杨树下是一条条灌溉渠，巨大的向日葵的花盘从高高的玉米丛中探出头来。瓦房顶上密布的电线很像是从某个奇异的丛林废墟中伸出的干枯的枝杈。

一位胖胖的、留着大胡子的维族老人此刻正坐在家门口葡萄藤架的阴凉下，专心致志地填装烟斗。他头戴一顶红黑两色的维族花帽，腿上穿着一条灯笼裤。

“依比布拉，我的朋友，下午好啊！”

“老王！欢迎你来啊，我太高兴了！”

一阵惊喜和拥抱之后，老王给我们俩做了介绍。依比布拉拉起我们的手将我们领到葡萄架下摆放的小木头椅上坐好。他脸上一直笑眯眯地，嘴里不停地说着，给我们端上了热茶。真是个外向、亲切、热情的老先生。“这么说你是第一次来新疆啊，欢迎啊，朋友！”

他呵呵一笑，胡子颤动起来，庞大的身躯也无一处不在跟着颤动，这才真是壮观啊。

“你知道我们吐鲁番盆地的农业依赖灌溉水源，地下水渠全长三千多公里，将遥远的天山雪水引来灌溉农田。坎儿井是‘井渠’的意思，是荒漠地区特殊的灌溉系统，吐鲁番的坎儿井有一千多条。这里的水特别清冽。当然，你知道的，我更爱喝葡萄酒……哈哈哈。”他爽朗的笑声吸引了路人的注意。

“维族人有自己的文字，过去蒙古人也采用古维吾尔文来书写。有意思的是，维族人改奉伊斯兰教后，我们的文字并没有被阿拉伯文取代。”

“这里的炎热简直难以形容。”老人性格直爽，又跳到了另外一个话题上，“今天下午天气还好，比较温和。但有时候气温竟然能达到48℃啊！你懂吗？这种热你无法想象。而且还有个奇怪的现象，盛夏时有时天空乌云密布，开始下雨了，但是，还没等雨打湿地面就已经蒸发了。我们称这种现象为‘干雨’。”他低沉浑厚的嗓音又一次引起了周围人的关注。

“依比布拉，”此时我的翻译老王插话了，“我们的朋友还不了解维族音乐呢。怎么办？你有什么好办法帮助他？”听了老王翻译他自己的建议，我想这个主意好，但是我猜不到接下来又发生了什么。就在这时，旁边围观的有十几个人了，他们都兴奋地鼓起掌来。

依比布拉开始很严肃，突然，他爆发出一阵雷鸣般的笑声：“老王，你太狡猾了。看来你真是喜欢音乐，不放过任何一个机会呀！”老王高兴地搓着手，脸上露出得意的笑容。依比布拉消失了几秒钟后，抱着一件奇怪的乐器回来了：这是一种长长的类似吉他的乐器，只有两条琴弦。

“这叫都塔尔琴，”老王对我解释说：“是在这种场合下弹奏的典型的维族乐器。你将会欣赏到一场独一无二的精彩节目。我来给你一点点翻译他要演唱的曲目。”

在落日余晖温柔地照耀下，依比布拉调好了琴，略一沉吟，用浑厚的男中音将下面这个动人的故事唱给我们听：

在一个遥远的国家，一个久远的年代，有一位善良、正义、勇敢的国王。一天他同几个朋友一起外出狩猎，他正要杀死一头鹿时，仁慈的宰相拦住了他：“陛下，您能放过这头鹿吗？”“有什么特别的理由吗？”国王问。“我发现这是头母鹿，而且正怀着孕呢。”国王答应了，同时还对宰相提出一个条件：“我的妻子也正怀有身孕，而且我听说你的妻子也怀孕了，多巧啊！这样吧，如果生下的是两个男孩，那他们要结为兄弟。如果生下两个女孩，她们要结为姐妹。如果两人生下一男一女，我们现在就把这门亲事定下，让他们结为夫妻。”

后来，王后生了个女孩儿，取名赛乃姆，宰相夫人生了个男孩，取名艾里甫。两人是天造地设的一双。但是好景不长，另外一个名叫阿巴斯的大臣野心勃勃，心狠手辣。在一次狩猎中，他雇了一位弓箭手，射杀了宰相。艾里甫目睹了父亲被杀，但他什么也没说，将射死父亲的那支箭藏了起来，他知道真正的凶手是阿巴斯。

阿卜杜拉是阿巴斯的儿子，也是国王的侍卫长。他想迎娶公主，便在国王面前花言巧语地诋毁艾里甫。国王听信了他的话，撤消了女儿和艾里甫的婚约，并将他流放异国他乡。阿卜杜拉瞅准机会，想要彻底除掉艾里甫，没想到在千钧一发之际，了解真相的另一位大臣派人把阿卜杜拉赶跑了。艾里甫为了保命，隐姓埋名，浪迹天涯。但他无时不刻不在思念着心爱的赛乃姆，而赛乃姆也一心牵挂着自己的情郎。故事唱到这里，我看了看四周，所有人都在聚精会神地倾听着，一些人还激动地跟着依比布拉唱起了艾里甫被流放时的那段唱词：

残酷的老天呵，
我的心如刀绞。

夜莺离开了玫瑰，
整座花园哑然无声。

年少时我们青梅竹马，
爱的火焰在心中燃烧。
天地间海枯石烂，
爱情永藏心间。

悲伤的泪水浸湿衣衫，
受伤的爱情声声啼血。
可恨我冲不破这监牢。
赛乃姆泪如雨下，
鸱鸮哭号着命运的不公。

艾里甫藏身的地方有个姑娘爱上了他，想和他结婚。但是艾里甫说，我只能娶赛乃姆为妻。这位姑娘心想难道赛乃姆比我还美吗？于是她化妆成女医，找到了公主。公主的痴心感动了她，回到家乡后她主动对艾里甫说："你和赛乃姆真是天生一对有情人。"

在搭救过自己的大臣朋友帮助下，艾里甫经过一场恶战杀死了阿卜杜拉。他向国王出示了阿巴斯的罪证——射死父亲的箭。国王醒悟过来，下令处死了作恶多端的宰相。故事的最后一对有情人终成眷属。

故事结尾处的音乐节奏欢快，把我们拉回到繁星满天的现实世界中来。夜幕下万籁俱寂，葡萄飘香。这温馨而愉悦的感受仿佛是从天而降，啊，是干雨，我想起来了。但是现在，雨水真的落在了地面上，我嗅到了空气中那股潮湿的味道。

红沙漠

一望无际的大平原，地平线似乎消失不见了。这天早上的空气里仿佛流动着一团火焰，绵延无际的沙土也烤成了炽热的颜色。

突然间，眼前意外地出现了时间这把利刃开凿出来的一片大峡谷。清泉流淌在这陡峭的悬崖深处。四下长着一丛丛朴素但翠绿翠绿的植物。一处四世纪的佛寺遗迹分布在峭壁之上，这里就是伯孜克里克石窟寺了。

伯孜克里克，多么充满异域风情的字眼。创造这片辉煌的先人们留下这名字，为我们追寻历史提供了辙印。伯孜克里克，神秘而久远的回忆。我们慢慢地、充满敬意地走在山体岩石上开凿出的石阶。狭窄的洞窟里是一个个佛龛、小型的佛殿，曲曲折折的石阶，还有一个大平台。

在千佛洞的三个洞窟中我们看到了大量佛教题材的彩色壁画，色彩以大自然中获取的蓝、绿、黑为主。壁雕上的人体形象比例

千佛洞壁画

奇特，绘制技法融合了古印度、古波斯、古希腊和罗马以及汉地特色。历代经过这里的风尘仆仆的商人、旅人都会给这远离尘嚣的避难之所捐赠布施，感谢菩萨保佑他们一路上克服千难万险，并祈求上苍继续庇佑他们接下来的行程。

据藏文、梵文、突厥文、汉语和维语的史料中记载显示，这里曾经一度繁荣，乃是商贸往来与文化交流的要冲地带。伯孜克里克，没有边界，没有起点的名字。掩藏在地下的绿洲，佛教徒隐秘的圣地。

我们爬上了红沙漠。“火焰山”这个名字令老王想起了小说《西游记》中脍炙人口的精彩章节：

唐僧师徒四人去西天取经，这一日来到了大漠中，顿时感觉酷热难当。终于，齐天大圣孙悟空发现了一个凉棚，四人连忙赶了过去。看凉棚的僧人给他们倒了茶，孙悟空向他打听道：“现在是秋季，此地为何如此炎热？”僧人告诉他们：“这里叫火焰山，四季酷热。”“那么如何才能通过这里呢？”孙悟空问。“过不去！”僧人答，“火焰山方圆八百里，要想过山，只有向铁扇公主借出扇子才有可能。她那芭蕉扇扇一扇就能灭火，扇两扇微风起，再扇一下便能下雨。但要借到这件神奇宝物可不容易，须得献上厚礼：猪、羊、鸡、鹅、水果、鲜花、美酒、丝绸……”

“这位铁扇公主住在哪里？”“她住在翠云山的芭蕉洞里。她也并非是真正的公主，本名是罗刹女，与牛魔王结为夫妻。”孙悟空听到这里，脸色一变，对僧人说：“我曾经和这位铁扇公主的孩子红孩儿打过一架，我担心她不会把芭蕉扇借给我了。”“你且过去，不要提你是谁。”僧人建议孙大圣。

他的话音刚落，孙悟空就一个筋斗来到了芭蕉洞外。在洞口他碰到了一位年轻姑娘，就双手合十请她帮忙：“请带我去见你们公主吧。”“你是谁？从哪来的？”“我是孙悟空，从东土大唐来。”这罗刹女一听孙悟空的名字立时双眼冒火，她骂道：“该死的猴子！你还有脸来！我的孩儿现在哪里？快说！”

孙悟空答道：“你的孩子抓走了我师傅唐三藏，想吃他的肉长生不老。幸亏观音菩萨救了我师傅。红孩儿现在被菩萨收走做了童子，真正长寿不老了。你不感谢我反而来骂我？”

“废话少说，我要见我的孩儿。”铁扇公主怒道。“好办，你借我芭蕉扇一用，我护送师傅通过火焰山，等见到观音菩萨我让红孩儿替我来还扇便是。”铁扇公主不再多讲，拿出扇子轻轻一扇，一阵强风就将孙悟空卷到空中吹走了好远。孙悟空赶快抱住一座山，这才停了下来。幸而在这座山上他遇到一位旧友，也是位僧人，指点他说：“这芭蕉扇乃是天地还处于一片混沌之时，由极阴之气的精华所炼而成，不仅能灭火，还能把你扇出十万八千里去，你要不是有腾云驾雾的本事，根本停不下来。还好，我这里有一颗菩萨送给我的定风丹，你且吃下去试试它的威力。”

孙悟空回到芭蕉洞，又与罗刹女一阵恶斗。最终，她败下阵来，只得掏出了芭蕉扇。哪料到她连扇三下，孙悟空却纹丝未动，铁扇公主害怕地逃进了洞中。孙大圣摇身一变，变成一只小蚊子，从洞门里挤了进去。他见罗刹女正嚷嚷口渴要喝水，就趁着她喝水的功夫钻进了她肚子里。孙悟空在她腹中喊道："好姐姐，快把扇子借给我。不然的话，就让你尝尝俺老孙的厉害！"他说着就用头在罗刹女肚里使劲一顶，罗刹女腹痛难忍，连连求饶："好兄弟，我把扇子借你，快出来吧！""既然你叫我兄弟，那你把扇子放在嘴边上，让我看见我就出来。"罗刹女照办了，孙悟空见到扇子就跳了出来。他拿过扇子，道了声谢，又一个筋斗云飞上了天。

他回到火焰山找到了师傅和师弟，跟他们讲了借扇的经过。然后他向山里走去，靠近了熊熊燃烧的火苗，用力一扇。哪料想火势不仅没变小，反而更凶猛，他又接连扇了两下，火焰冲天，火势骇人。他正不知该如何是好，一个声音叫住了他："大圣！"他定睛一瞧，原来是一位身披长袍、头戴一顶高帽子的老者。这老者对他说："我是这火焰山的土地公。我知道你要护送唐僧去西天取经。那罗刹女骗了你，你手里拿的是把假扇。要想借出真扇，你得去请牛魔王帮忙，他两年前抛弃了原配妻子，现在正和玉面公主住在积雷山中。"

孙悟空连忙又一个筋斗飞到了积雷山上，刚巧碰见了头上插着一支兰花的玉面公主，就对她说："是铁扇公主派我来的，让我带牛魔王回家。""休想！"玉面公主怒道，"我给了罗刹女那么多金银财宝、绫罗绸缎，她怎么还来寻牛魔王？"牛魔王闻声赶出，一见是孙悟空就嚷道："就是你这该死的猴子害了我的孩儿！"孙悟空辩解道："这不能怪我。是红孩儿先抓了我师傅想吃他的肉。现在观音收他为童子，岂不是一件幸事？我想请你帮我把芭蕉扇借出来。""哼！那你先过得了我再说！"

两人打作一团，一时间飞沙走石，大树都被二人连根拔起。正斗得难分难解，忽听得一个声音响起：“牛魔王——我等着你赴宴呢！”牛魔王对孙悟空说：“猴子，暂且罢手，我正要去赴宴，差点忘了。”说着，他化作一缕青烟遁入了清澈的湖水中，而孙悟空也在后面紧追不舍。到了湖底，牛魔王不见了，孙悟空又变做一只螃蟹，他循着一阵美妙的乐声追到了金碧辉煌的龙宫里。只见龙宫的斗拱、栏杆上镶满了珍珠、珊瑚，极尽奢华。变成螃蟹的孙悟空悄悄地爬了进去，看见牛魔王正在同四只蛇妖和龙王一家饮酒作乐，喝得醉醺醺的，顿时心生一计。

他出了龙宫，用七十二变的本领化作了牛魔王的样子大模大样地进了罗刹女的芭蕉洞。假魔王见了公主后一阵虚意逢迎，两人和好如初，摆下酒菜。趁着罗刹女喝得微醉之时，他问起扇子的下落。罗刹女从口中取出一把杏叶大小的扇子给他看。“这么小的扇子怎么可能把火焰山的火熄灭呢？”假牛魔王问。

“我的好相公啊，你用拇指按住那扇柄，口中念动咒语：呬嘘呵吸嘻吹呼，芭蕉扇就会变成一丈二尺长，将八百里火焰山熄灭那是轻而易举的事。”孙悟空听到这里，一把抢过芭蕉扇，含入自己口中逃走了。没过多久，牛魔王就知道了扇子丢了的事，他连忙变作孙悟空的师弟猪八戒的模样拦住了大圣的去路。孙悟空此时正得意非凡，丝毫没有怀疑假猪八戒的身份，一五一十地给他讲了事情的经过，并将扇子从口中取出给师弟开眼。

“泼猴！”牛魔王大喝一声显出了原形，“滚远点吧！”他冲着孙悟空使劲扇了一下扇子，但是孙悟空有定风丹在肚，根本不怕。牛魔王也没办法了，两人又是一场混战。此时，真正的猪八戒在师傅唐僧的催促下也赶来助战。牛魔王不敌二人，想要逃走。这时，火焰山的土地公也出来拦住他说：“唐僧师徒四人要去西天取经，在此受阻。你应当把扇子交给他们，莫要叫佛祖怪罪。”牛魔王生气地说：“这猴子绑走了我的孩儿，吓坏了我的美妾，欺骗了我的爱妻，叫我如何原谅他？”

猪八戒此时再也按捺不住了。他拿起耙子冲上前去与牛魔王打得难分难解。而玉面公主也带着人马赶来支援牛魔王了。牛魔王化成一只天鹅，孙悟空就变成了一只隼；天鹅被隼啄了一下，变成了老鹰，于是孙悟空又变成了凤凰。而后，一人变成鹿，另一人就变成豹子；一人变成狮子，另一人又变成熊、大象，还有各种身高八尺的妖怪，斗个不停，酣战不休。一场昏天黑地的厮杀惊动了五方揭谛、四值功曹、各方过路神明，大家于是一起将牛魔王团团围住。牛魔王逃向南边，峨眉山拦住了他；牛魔王逃向北边，五台山不让他过；牛魔王逃向西边，昆仑山又将他挡住，这几座山奉了菩萨之命协助捉拿这头老牛。随后，托塔李天王和哪吒带着天兵天将也赶到了，他们是奉玉帝之命前来降服牛魔王的。哪吒大喝一声“变”，随即变出三头六臂，终于降住了牛魔王。哪吒随即又喊道：“罗刹女听令，速速交出芭蕉扇，不得延误。”铁扇公主连忙素服从芭蕉洞里奔出，双膝下跪，毕恭毕敬地呈上芭蕉扇，口中直呼：“菩萨饶命，菩萨饶命。”

孙悟空取了芭蕉扇，一个筋斗云和众天神赶回了火焰山。唐三藏见了，慌忙拜倒，迎接众人，口中连声称谢。孙悟空扇了一下芭蕉扇，火焰就熄灭了，扇了第二下，刮起一阵风，他再扇第三下，雨点落了下来，燥热顿时消失得无影无踪。孙悟空将扇子缩小，归还给罗刹女。师徒四人神清气爽地继续向前赶路了。

老王的故事深深地吸引了我。故事讲完，我突然发现已经从红沙漠走到了一处种有葡萄和棉花的峡谷，景色非常宜人。重新见到这深深浅浅的绿色，白杨树、柳树、葡萄、辣椒，真是太美好了。我们走上一个小山坡，山坡上有一个小小的土坯房子。不仅如此，我发现沿着山坡每一块高地上，都有一个类似的土坯建筑。

我们走进这房子里，看见地上堆放着一些农具，几个农民正忙碌个不停。我们上了二楼，眼前出现的特殊景象吸引我掏出相机，

葡萄晾房

拍下了照片。我对老王说："我要带给我的朋友们看。他们肯定不知道这是干嘛用的，这张照片特别具有维族特色。""那么你知道这房子的用途吗？"老王问我。"呃……你不告诉我，我也猜不到。"这房子四面是用土块砌成的，蜂眼式的墙壁，角落处堆放有许多根长杆，上面固定着一根根铅笔式的小木棍，间距整齐。这会是干嘛用的呢？

"你马上就会明白了。我演示给你看。"老王说着拿起一根长杆，顶在房顶上，把底部也在地面上支好。长木架立起来了，那些小木棍横向捆在上面。老王说："吐鲁番盛产葡萄，你已经看到了。待到收获的季节，人们把一串串成熟的葡萄挂晾在木架上这一排排小木棍上，四壁上的孔便于通风，加上干燥的气候，葡萄过些日子就会被风干。这样，全国最美味的葡萄干就晾制成了。"

从荫房里走下来时，我们碰上了一群村民，大家都认识老王。他们把我们迎到家中，小瓷杯已经摆好，美酒已开樽，这意图再明显不过了。"为了我们的友情、健康、幸福，干杯！""干杯！"大家互相祝福着，欢乐的气氛达到了高潮。

正是这质朴的欢聚让我想起了唐代大诗人杜甫所作的一首题为《落日》的律诗：

落日在帘钩，溪边春事幽。
芳菲缘岸圃，樵爨倚滩舟。
啅雀争枝坠，飞虫满院游。
浊醪谁造汝，一酌散千愁。

芳　草

一件雕塑就能招致杀身之祸？一件艺术品顷刻间化作了有毒的利刃？

四月底，正值春日，我把周末和几天的假期凑在一起去了趟保定，这是河北省的一座小城市。我去了那里一个美丽的小公园，一个保安给我讲了一段有趣的历史故事：

1900年八国联军攻进北京城，皇太后慈禧吓得化妆成一个农村老妇，同一干人等慌忙出逃。他们日夜兼程，第一站就到了保定。当地爱国的老百姓对她这种不抵抗就出逃、置国家尊严于不顾的行为非常愤慨和鄙夷。一位巧手的工匠就雕刻了一样礼物进献给老佛爷：一片荷叶上托着一个大桃子，雕工非常精细。这件大理石工艺品的底座上还刻着四个字：莲叶托桃。

这件贡品表面上看并没有什么不妥，然而“莲叶托桃”这四个字在汉语中的发音和“连夜脱逃”的发音一样，这正是工匠利用汉字谐音的特点在暗讽慈禧太后被八国联军吓得半夜出逃的丑态。慈禧老佛爷看出了端倪，勃然大怒，处死了这位工匠。故事到这里就结束了。

最近几年里，在去过的那么多城市和乡村中，我挑选了保定写给你看，不仅是由于这段有意思的小故事和谐音的寓意，也是因为在这里我有幸欣赏到的自然美景。

宽宽的马路、公园、街上的行人熙熙攘攘，车辆川流不息，城市工业密集。除此之外，令我意想不到的是保定的自然风景也很美。几百棵上了年纪的大柳树，叶片闪闪发光，有的树干挺拔直立，有的婀娜多姿；有整齐排列在道路两旁的，有弯腰低垂在湖水边上的，似乎商量好了要把整个世界变成一个洁白的仙境。无数的柳絮毛在风中漫天飞舞，晶莹洁白，无声无息。一条条仿佛挂了白霜的枝条从树上垂下，仿佛一场春雪飘然而落，染白了大地、屋顶、街道和行人。无怪乎这纷飞的柳树种子，没有翅膀的蝴蝶，没有水汽的云朵，如丝般轻柔的披风，难怪带给过诗人和恋人们那么多的灵感。

苏东坡曾以《蝶恋花》为词牌，写过一篇优美的词章，其中就描绘了柳絮的意象。《蝶恋花》这种词的格式多用来抒写缠绵悱恻的情感。共八句，每句七言或九言。

花褪残红青杏小。
燕子飞时，绿水人家绕。
枝上柳绵吹又少，
天涯何处无芳草。
墙里秋千墙外道。
墙外行人，墙里佳人笑。
笑渐不闻声渐悄，
多情却被无情恼。

在这首古词中，“芳草”指的是爱人。而在另一首现代歌词中，柳絮被看做是爱情的使者，歌词中这样写道：

柳絮飘呀飘，你来到我窗前，
静悄悄地，不愿吵醒我。

春天到了，你给我带来，
心上人的消息。

快说给我听吧，她的甜蜜。
如果不是她，你悄悄地走吧，
一如你悄悄地来。

意象是运用比喻、对比、类比等手段对客观概念进行加工创作出来的艺术形象，不仅常见于诗歌创作中，在汉语口语中也大量运用类似的手法来表达美和其他丰富而生动的情感。

汉语词汇的词源、构成与内在含义很多时候令人意想不到，与人们熟知的意思间的相似或对立之处非常有意思。请看下面这些例子：

借人之口——借口
把心放下——放心
产生了气——生气
主人的观点——主观
客人的观点——客观
人和口——人口
生命的道理——生理
心的道理——心理
老天和出生——天生

指头和要点——指点

金子与丝做的鸟——金丝雀

小小的心——小心

看见和听见——见闻

绿色的大陆——绿洲

把嘴吃掉——口吃

海浪之花——浪花

流动的水——流水（按照次序像流水似地不断进行）

水管开关在汉语中俗称“水龙头”，因为其形状与水中神龙的头非常相似。“矛盾”这个词表示对立事物间的相互排斥。这个词出自一个有趣的寓言故事：

楚国有一个卖矛和盾的人。他夸自己的盾最坚固，什么兵器都戳不破；又夸他的矛最锐利，什么东西都能刺进去。旁人就问他，“拿你的矛来刺你的盾怎么样？”那人傻眼了，不知该如何回答。

形容一件事难上加难，可以说“铁树开花”。浪花波涛汹涌对应的是“浪漫主义”。肝与胆关系密切，相互照应，因此用“肝胆相照”来比喻与人坦诚相见。问你的真实目的是什么？计划是什么？可以说“葫芦里卖的什么药？”你去看望朋友，告别时他会一直送你到楼底下，这是一种传统礼节。你可以说：“请留步。”厕所也叫“卫生间”，意思是讲卫生的地方。“小解”和“大解”也是想上厕所时用的委婉语。“心血”的意思是竭尽全部精力和心思去努力。“世界语”的意思是世界上通行的语言。“过河拆桥”是指那些达到目的后，就把曾经帮助过自己的人一脚踢开的忘恩负义之徒。“骑虎难下”，骑在老虎背上下不来了，这是指一件事情要进行下去很困难，陷入了进退两难的境地。“对牛弹琴”意思是白耽误工夫。一件事情已经完成，没有回旋余地了叫“木已成舟”。汉语中许多带有侮辱性的字眼都与乌龟有关，什么“龟儿子”“龟孙子”“乌龟王八蛋”等。

汉语是象形文字。从汉字的写法或者词语的各个组成部分上，便可猜出其确切含义。请看下面几个例子：

家：屋檐下面有口猪

森：三个木叠在一起

闯：一匹马冲入门中

愁：秋日的心情

影射："影"加"射"，意思是暗示。

滑头："滑"加"头"，是圆滑的意思。

大胆："大"和"胆"，意思是积极进取。

小胆："小"和"胆"，意思是胆小怕事。

一些成语比较好理解，比如："宁做鸡头不当凤尾""山中无老虎，猴子称霸王""积少成多"。但有种民间谚语，汉语叫"歇后语"，由前后两个短语组成，如果事先不了解，很难猜出意思来，因为大家通常只说歇后语的前半部分，请看这几个例子："关二爷卖豆腐——人硬货软"，意思是很有才干的人却没有机会展示出其真本领来。这里面的典故说的是三国时期的一员大将为当时的环境所迫，只好靠卖豆腐为生。"猪鼻子插葱——装象"意思是本来不懂却要装懂，装成大人物的样子。"二小穿马褂——规规矩矩"意思是一个小人物当了个小官却过于刻板、拘谨。

不久前，我们还在会话课上安排了一次以汉字为主题的讨论练习。教会话课的老师都知道，这门课主要是通过一个能吸引学生的主题，或别出心裁、生动活泼的教学环节来激发学生表达的兴趣与热情。

"一种文化优于另一种文化，可以这样讲吗？或是说，是否存在可以评判世界上各种文化高低差异的具体标准呢？"一上课我就问了这样两个问题，课堂上鸦雀无声，这问题似乎变成了一种质问。

一些同学认为应该以科学的发展作为衡量标准：科技水平越高的，文化水平越高；另外一些同学提出从审美发展的角度来评判：

艺术作品成就越高的，文化价值越大；我提出第三种观点来供大家讨论：从文化内部建立的人与人之间的关系上去考察。从文化传统中对于相对弱者——小孩、老人、病人、妇女的态度上去考察，由此可以判断一种文化相较于其他文化的高低优劣，你们同意我这种看法吗？

没有人讲话，看来大家是默认了。于是我又继续说道："下节课我们要来检验汉语当中的一个很具体的问题。也就是在汉字书写中所反映出来的对女性的传统态度。我们知道，'女'字指的就是女性，可以用作偏旁。由女字旁组成的字可能是褒义的，也可能是贬义的。我给你们出的练习是这样的：所有的男同学回去要搜集一组带女字旁的褒义词，女同学们要搜集一组女字旁的贬义词，下节课带来我们继续讨论这个题目。"

一周之后，同学们带着他们找到的词来了。男同学先细致地解释了他们找到的褒义词，大家一起讨论了这些字的构成、字义以及用法。下面这些词里都有女字旁：

宴：酒席、安闲、嬉乐

妧：美好的样子

姣：容貌体态美好

娟：秀丽、美好

娇：美好可爱

娴：文雅、熟练

娱：使人快乐

对这些字的结构和含义大家各抒己见，讨论得非常热烈。当然，尤其是女同学们对这个话题似乎更感兴趣。接下来，由女同学来介绍她们找到的女字旁的贬义字，下面这几个字都是：

妒：妒忌、怨恨

奴：奴隶、仆人

妄：狂妄自大

妖：魔鬼

大家热烈讨论了“媒”“如”“恕”“婵”这几个字，从字的来历、用法以及字义上的细微区别去分析，它们究竟属于褒义还是贬义。“‘婚姻’这两个字为什么都带女字旁呢？难道男人在婚姻中不负有责任吗？”一个女同学这样问道。“为什么‘好’‘妙’这样泛指一切美好事物的字都带女字旁呢？难道我们男人就不好吗？”一个男同学又问。接下来又是一阵热烈而有意思的讨论，有人说的严肃认真，有人讲的风趣幽默。下面我用几个与中国传统文化相关的故事来结束这个单元的讨论吧。

首先是中国历史上几位著名美人的故事和传说。她们每个人出生的历史朝代、家庭背景以及命运结局在史籍中都多多少少有所记载。她们的种种传闻也被无数次地搬上各种舞台，至今仍为人们所津津乐道。

西施是战国时期的越国美女，被越王作为复仇的工具献给吴王。吴王得西施后终日沉溺于其美色，不理朝政，最终被越国所灭。传说西施有胸口疼痛的毛病，所以每次一犯病，她就用手捂住胸口，柳眉微蹙，泪水在眼眶中打转。但是见到她的人都说她这样子比平时更美了。

杨玉环曾是唐玄宗儿子的王妃，后又被公爹唐玄宗看上。她受令出家后，被唐玄宗册封为贵妃，对其极其宠爱，怠慢朝政。结果导致了国家内乱，唐朝由盛转衰。据说每次皇帝冷落贵妃的时候，她就借酒浇愁，放浪形骸。而她醉酒之后的样子也比平日里更加美艳动人。

褒姒是其母国献给周幽王来乞降的。她生性不爱笑，在深宫中总是沉默寡言。幽王为取悦褒姒，就举烽火示警，召集诸侯。褒姒看到诸侯惊慌失措，遭到愚弄的样子，果然哈哈大笑。后来周幽王真的被人围攻，再次点燃烽火召集诸侯援救，大家却以为又是骗局没有前往，幽王最终被杀。人们都说褒姒嫣然一笑时容貌最美。

妲己是商纣王的妃子。传说她为人极其残暴，好滥用酷刑取乐，而她狠毒的样子也别有一种美丽。后来妲己罪有应得，被起义的臣民所杀。

下面再来说说一代侠女红线女的故事吧，这个题材在京戏、诗词以及民歌中均有表现。

据说唐朝时黄河流域局势动荡不安。为划分势力范围，薛、田两员大将间关系一度紧张，双方剑拔弩张。皇帝从中调和，两个家族间还联了姻，然而关系却没有缓和。

一天，薛将军在自家花园中为即将到来的战事愁眉不展、长吁短叹。他的义女红线女见状，很心疼义父，便上前问他烦恼的原因是不是即将与邻邦开战？薛将军说："此乃军国大事，不是你们女儿家所能明白的。"红线女却说："您放心，我自有办法为您分忧。今晚我就去敌营一探究竟，天亮前我便能赶回。请您给我备一匹快马，待我回来再修书一封，向田将军问候。"随后她自回房中做准备了。

只见她将长发用金簪挽起成髻，头裹红色遮面纱巾，身披紫色斗篷，脚上是一双黑色绣鞋。腰别一把龙纹匕首，额前还佩戴着辟邪的饰品。她辞别义父就骑着马上路了。

薛将军回到房中，默默等候着义女归来。他一杯一杯地饮着酒，却丝毫没有醉意与倦意，直到远远地听见天明的号角声吹起。他刚要差人去打探红线女的消息，他的义女就回来了。她喜滋滋地将一只宝盒交到薛将军手上，对他说："我取来了田将军藏在枕边的锦盒。昨日午夜时分，我到了田府，绕过走廊和花园，找到了田将军的卧房。守卫当时睡着了，我来到田将军的睡榻前，见到他枕边一侧放着一把七星剑，而另一侧就放着这宝盒，里面装着他的官印、生辰八字和平安符。我要取他性命非常容易，但我不想给您招惹麻烦。趁着守卫还在熟睡中，我就取了宝盒赶回来了。"

薛将军立刻修书一封，连同锦盒差人给田将军送去。信中写到：

“昨夜有客探帅府，自将军枕边取走一锦盒，在下知系君家贵重之物，特派专使奉还。”田将军收信后重赏了来使。第二日又派人给薛将军送去厚礼，两家重归于好。黄河流域的百姓也躲过了一场血腥的战争。

中国的历史文化源远流长，跨越了数千年，我们无法与之相比。在空间上我们与这个国家远隔千山万水。也正因如此，他们的经验似乎更值得信赖，文化底蕴更加丰富而厚重。当我们想到中国，尤其当想到我们之间存在的差异和距离时，我们仿佛可以超越自身的种种局限，重新发现自己民族令人骄傲的文化传统。尽管我们与中国的文化似乎相距遥远，但我们两个民族在情感、做法、思想、期盼与计划上又有一些不谋而合，这可以使我们更加坚定，甚至帮助我们更好地完善自己的想法。而我们之间存在的种种反差和不同又有助于我们开拓眼界，深入思考。

几天前，我在系里的教师休息室遇到了三位中国老师。大家聊了起来，交换了彼此的想法。我已不记得是谁具体说了什么话，但是我清楚地记得我们的谈话是如何层层展开的，所以我来复述给你听：

不知多少次我们会说到某一件工艺品、某道菜或是某种表情具有典型的中国特色；不知多少次我们又会说某种反应、想法或流行趋势不可能源自中国。其实对某些特质一概而论太过武断，是有失公平公正的，我们应当保持谨慎、客观的态度。

中国和拉美国家在生活习惯上的差异是非常明显的，比如：中国人吃饭一般最后才喝汤。写地址时信封上会先写国家、城市、机构，最后才是收信人具体的街道门牌和姓名。他们会指着自己的鼻子说“我”。中国人发明的司南是指南而不是指北的。叫某人时是先呼其姓，再叫其名。包包裹时通常掀起纸的对角开始包起。我们铺床的方法也不一样，中国人只铺一条床单，而且也不会将床单边角塞在床垫下。红色象征喜庆，白色是出殡的颜色，而黄色是淫秽的同义词。

有人曾说，每个中国人内心深处都住着一个商人、一个看客、一个媒人、一个冒险家和一个厨子，他们注重感官享受。这种感官上的追求引领他们不断去探索食物的美味，执着于艺术上的精益求精。他们可以从简单，也可以从复杂的事物中得到愉悦的感受。他们充满了好奇，善于向别人学习，而且兼容并蓄，不论是本民族传统还是外来文化，都能拿来为我所用。

汉字的书写需要长期坚持学习才能掌握，这磨练了人们的意志。中国的小孩从小就会从学习写字的经验中懂得了只要坚持不懈就会有所收获的道理。

中国人的家庭观念特别重，超过了世界上其他民族。有许多传统习俗被一代一代原封不动地继承下来。他们与自己的祖先、与家族的亲戚间始终保持着一种密切的联系。

中国人热爱生活，希望自己长寿，丰衣足食。他们尊敬老人，珍惜友情，对故土有着非常深厚的感情。

还有位老师引述了中国当代著名小说家鲁迅在其作品中写到的，他的一个朋友说的话："要我们保存国粹，也须国粹能保护我们。保存我们，的确是第一义。只要问他有无保存我们的力量，不管他是否国粹。"

友　谊

当我骑着自行车穿行在某个城市里，很多时候都会有素不相识的人与我主动讲话。我们一边蹬着车，一边天南海北地聊着天。当我独自一人进餐厅吃饭的时候，也总会有邻桌的中国客人同我打招呼，或邀我坐在一起交流。在火车上也不例外，总会碰到陌生人主动与我沟通。就这样，由于对方的主动与热情不经意间产生了多少动人的友谊啊！建立友情对这个国家的人民来说似乎不是什么难事，这是我经过上百次的亲身经历得出的结论。在这些榜样的激励下，不久前，我决定在适当的时候，自己也要尝试主动与人展开交往。

几个月前，大学里的运动会刚刚结束，我背着相机还在场地内继续徘徊。在一个看台上，我发现了一个不认识的人，也是极少数还留在这里的人之一，正专注地看他手中的一些材料。于是我冒昧地上前打断了他，问能不能给他拍张照片，他马上答应了，然后微微一笑继续埋头工作。

几周之后，照片洗出来了，我也弄清楚了这个陌生人的身份。他叫老高，是体育系的系主任，他的办公室离我们系很近。这下我明白了为什么运动会那天我发现他，给他照相时他还在写字。当天下午，我去找他，没碰到他。第二天我又去了，还是没碰到他。于是我请一个工作人员转告他，我过两天再来找他。第三次，我们终于碰面了。见到我他很吃惊，当得知我是来给他送一份礼物时，他显得非常感动。

“千里送鹅毛，礼轻情意重。”“施恩莫望报，感恩须图报。”“高山流水遇知音。”在这一刻，我想起了这些中国人耳熟能详的谚语，我也想知道眼前这位陌生人想到了哪一句呢？

“各人头上一片天啊。”他对我说。我发现他的眼眶湿润了。毫无疑问，我们之间的交流进行得异常顺利。他带我去了他家，离学校很近。他把我介绍给他的妻子和两个女儿认识。有一个女儿曾经在新疆呆过一段时间，和当地的维族农民一起生活过。他还把两个女婿和孙子也介绍给我认识。很快，大家喝着茶，吃着饼干、糖果，亲切热情的闲话家常过后，一个小孙子弹起了钢琴，他的小女儿唱起了维族歌曲，歌声婉转动人。

老郭七十二岁了，尽管已经过了退休年龄，还在为学校继续工作着，特别是系里事情多，忙不过来的时候。他熟悉各种传统体育项目，还是田赛裁判。同事们有什么问题都向他请教，他也在各种体育比赛中做评委。他的身体和精神状态都好得令人嫉妒，谁找他帮忙他都有求必应。老郭不仅待人和蔼，还充满智慧，慷慨大方。我非常敬佩他的为人，朴实，开朗又热情。

几天前，他得知我最近要走了，就打电话叫我去他办公室，并送给我几样礼物。他和蔼可亲的脸上虽然挂着笑容，却不自觉地流露出几分伤感。他对我说：“这副手套会让你想起一位朋友双手为你送上祝福，这双皮鞋会将你带回到这片土地上，这副象棋会让你想起在这里播种下的友谊，而这杯热茶会唤起你记忆中中国的味道。”然后他交给我一张写好的卡片，上面美丽的书法，一看就出自行家手笔。这张卡片我现在就拿在手上，上面这首短诗是这样写的：

身各一方缘注定，
千里迢迢来相会。
友谊如影常相随，
夜阑人静入梦中。

再一次读起这首诗，我的心中感慨万千。这首诗对我来说，是一个象征，也是一个总结。是对我曾经生活过的这个世界的总结；是对在这个世界中生活着的，有名有姓，身上具备着人类高贵品质的人们的总结；也是对这个世界古老灿烂文化的总结。种种回忆、想法、思考和情感差点让我忘了诗，忘了讲讲中国的传统诗词……请原谅我的伤感吧……

我们共同的朋友李白就曾经写过多首赞颂真挚友情的诗。他的这首《送友人》我觉得放在下面非常合适：

青山横北郭，白水绕东城。
此地一为别，孤蓬万里征。
浮云游子意，落日故人情。
挥手自兹去，萧萧班马鸣。

诗人间的友情也是诗歌的常见题材。诗人杜甫是李白的好友，也特别崇拜李白。在一首《梦李白》中，他写下了这样的诗句：“三夜频梦君，情亲见君意。”“出门搔白首，若负平生志。”“千秋万岁名，寂寞身后事。”下面这首诗也是杜甫写的，描绘了与朋友相聚的难忘时光。大自然的景色描写是中国古典诗词的特色之一，自然美景为友人间的相聚更增添了几分惬意与诗意的氛围：

林风纤月落，衣露净琴张。
暗水流花径，春星带草堂。
检书烧烛短，看剑引杯长。
诗罢闻吴咏，扁舟意不忘。

著名诗人苏东坡曾写下了这样的词句来纪念友情：

路漫漫，玉花翻。
银海光宽，何处是超然？
知道故人相念否，
携翠袖，倚朱阑。

苏东坡曾给自己的妹夫秦少游去信询问他的情况，秦少游答复他了一首回环诗，这令大诗人绞尽脑汁想了一整天才解读出诗中的含义。幸运的是，我们现代人看了解释之后，也能毫不费力地理解这首诗的意思了。而这种作诗的方法恐怕只有使用汉语的人才能写得出来吧。

秦少游的这首诗共四句，是一首叠字回环诗。每句七个字，从第一句的第四字开始重叠，句中词语反复使用，造成一种首尾回环的妙趣。这首诗的读法是：

赏花归去马如飞，去马如飞酒力微。
酒力微醒时已暮，醒时已暮赏花归。

诗中记叙了赏花与微醺这两大人生乐事，体现了人的内心世界与外部世界的和谐共处。

另外一种在迎来送往、相聚言欢时表达友情的语言便是烹饪美食了。中国人对美食的钻研与热情并不亚于他们对书画艺术的喜爱与投入。从每日简单可口的饭食到食材、调料处理的技法与秘诀，再到一顿丰盛的宴会背后付出的无数心血，无不传递出中国人民心中的价值观与他们的思想情感。

老胡头戴一顶高高的厨师帽，我们进来时他几乎没有察觉。而他脸上洋溢的笑容向我们泄露了他的秘密——全心全意地热爱烹饪艺术。我们刚刚品尝了他做的玉蝉白菜、三杯鸡、西湖醋鱼、东坡肉等几道名菜，对这位大厨的世界充满了好奇，就来到了他的厨房里。

“我十八岁时就正式下厨了，”老胡对我们说：“一天晚上，我们饭店做菜的大师傅都已经下班了，就我一个人还在。这时进来一个外国人，他对我说第二天一早就要离开南京了，请我给他做一道松鼠鱼。这是南京的名菜，我曾经看那些大师傅们做过很多次，以为这道菜很容易做，便高兴地答应了他的请求。但是我第一次做时，火候没掌握好，鱼皮烧糊了，鱼肉却还是硬的。这位客人请我重新再烧一下这一条鱼，于是我又回锅加工了一下，结果鱼彻底烧焦了。我只好内疚地去向他解释。那位客人知道了我的年龄之后，就鼓励我说：‘没关系，你还年轻。只要你肯努力，会学到许多东西。你和你的烹饪才能对社会来说就像科技人才、政治人才一样，不可或缺。’”

“我为了练好刀工，曾经买过二十公斤的萝卜刻苦练习，最终掌握了切薄片、切丝、滚刀块和小丁的技巧。刀工，就是将原料加工处理成菜肴需要的一定形状，是中式烹调的基本技艺之一。烩三丝是用笋丝、肉丝、火腿丝做的；有一道湖南菜是用鸡丝、猪肉丝、海蜇丝做的，这些丝要切得格外均匀细致，不能比一根火柴棍粗。而用贝类和蜗牛做菜时有时也需要片得比纸还薄。现在这些切菜刀法对我来说已是驾轻就熟了。”

“说出来你们可能不信，但是曾经的我连掂锅都掂不起来。烹调时控制好火候也非常不容易，炒菜的油温可以分十成。为了加强臂力，我练习过举重，还在炒锅里装入沙子练习掂锅。最终，我的付出似乎是得到了回报，一位有名的烹饪大师收我为徒，是他的悉心指导成就了现在的我。”

“我认为一道好菜不仅卖相要好看，也就是讲究色泽和摆盘；配料的选择、细腻的口感以及保留食材的原汁原味同样重要。另外，调料的适量添加也是个技术活。川菜中调制一种酱料可能要混合多达五十种不同的调味品，而行家能够深谙其中的奥妙，能利用各种调味料开发出灵活多变的味道。所以人们说‘一菜一格，百菜百味’的确是有可能的。”

“中国饮食文化的菜系是按照区域来划分的。首先，可以按南北来划分：北方人喜吃面食，南方人爱吃米。其次，除少数民族的特色餐饮外，汉族传统饮食中也形成了几大菜系。有我们刚才说的川菜，注重调味，以麻辣著称；鲁菜，也就是山东菜，以汤和海鲜见长；苏菜，也称淮扬菜，刀工精细，色泽鲜亮，口味醇和；北京菜以面食和肉类居多；广东菜也称粤菜，口味有甜也有咸，富于变化，灵活多样。如此这般细分下去，各地的菜都有自己的特色，上海、湖南、浙江……说也说不完！”

“给菜肴命名不存在什么固定格式。有以主料和调味料命名的，以烹饪方法或口感命名的，以色泽或香味命名的，以人名、地名命名的,还有些令人产生丰富的联想,比如山八珍、海八珍。‘熊猫抱笋’这个菜名一下子就令人联想到一种形象，这道菜的配料里有鸡胸肉、猪肉、鸡蛋、火腿、笋尖、蘑菇、大虾、橙子、芫荽、芹菜、豌豆、芹菜、胡萝卜、香菇。这是一道凉菜，熊猫抱笋的形象十分惹人喜爱，口感也非常鲜美。”“这道菜工序很复杂吗？”我问。“有一点。”老胡一边微笑着回答，一边领我们参观厨房里用来切、刨、刮、研磨以及给菜造型的各种刀具和一些样子奇特的工具。

“老胡可是位烹饪大师，”一位年轻的帮厨在一旁说道，“一些重要的宴会都会请他出马，他出过一本烹饪方面的书，还曾经上过西班牙电视台做节目，传授他最拿手的烹饪技艺：蔬菜雕花。”一段古老而鲜活的记忆此时从我脑海中跳了出来，我还记得第一次在饭店的餐桌上见到那白菊绽放时心中的诧异。现在我终于见到了表演这精彩“魔术”的艺术家了。

“你还有什么没有掌握的技艺吗？还有什么是你不知道的秘诀吗？”我问。这个突如其来的问题令老胡略一沉吟，然后他说：“是的，我还有太多要学习的。在一次厨艺大赛上我见过一个小伙子，两手就这么一拉一拧，一眨眼的功夫就把一个面团拉成了足有八千多根比发丝还细的细丝，然后他把面丝放入锅中炸透，外面再裹上一层糖，龙须酥这道甜点就做好了。我还认识一位手特别巧的广东师傅，他能调配和造型出各种馅和外皮，制作出两千多种点心来。”

“你的工作什么地方令你最满意呢？”我又问。“我最高兴的是客人们见到我的菜端上来之后先是一阵惊喜，品尝过后由衷地喜欢。他们有时候会舍不得吃我用蔬果雕的花朵、宝塔或者小动物，将它们当做珍贵的纪念品小心地带回家。很多人会像你们一样过来祝贺我，向我咨询，与我交流。是精致可口的菜品让素不相识的人成为了朋友。我的一位食客朋友曾对我说，我们的行业是将人与自然联系在了一起。”

秋天挥动着最后几块小手帕，

自行车筐集满了送行的落叶。

落叶是深深浅浅的棕色、耀眼夺目的金色。树枝上却还挂着火红的枫叶、翠绿的杨树叶、各式各样的黄叶。它们如同疲倦而又贪玩的蝴蝶一般恣意嬉戏着，然而最终还是停歇在了小径上。战无不胜的冷风左冲右窜地与它们嬉戏着。冻僵了的树木轻声低吟，干枯的树枝发出咯吱咯吱地脆响，最后一批俘虏终于也悄然无声地缴械投降了。地上那些已经失去知觉的枯叶此时却仿佛乐师灵巧的手指一般，忘我地滑动着，演奏着最后的乐章。这秋日的乐曲年年都会奏响，每年的曲目却又不尽相同。

在微风的助力下，一些叶片灵巧地翻飞着，各显神通地想要回到大树母亲的臂弯里，它们这痴心妄想让我想起了一首元曲中的唱词：小妹妹思嫁心儿急，只见风催花落，不见风送花归。

倦鸟默默地回到了巢穴，树木颓败凋零，天空阴云密布，残阳西下，月色深沉，记忆中的花瓣，时光的泪眼婆娑。

突然间，在一阵强风的催动下，各种色彩跃动绚烂起来。树叶旋转舞动着，迫不及待地蹦跳着，又突然来了个急停。叶浪盘旋翻滚，如海上波涛般汹涌。漫天飞舞的树叶沸腾了，仿佛大地之心正在举行一年一度的神秘盛典。数不清的各种颜色的叶片在空中飞扬舞动，碰撞着，再起飞，再落下，直至寒风，这隐形的大师毫无预示地停下了指挥，树叶的舞蹈戛然而止。节日狂欢过后令人心悸的寂静让我联想到树叶的告别。

这天早上，像往常一样去取自行车的时候，我发现了车筐里那一篮告别的秋叶。我的自行车仿佛也知道了我不得不暂别几个星期，于是它搜集了秋天最后的馈赠，友好地送给了我。

中国的自行车，忠诚、体贴、灵巧。似铁马、公牛、飞鸽，是那么地灵巧、欢快、果敢。它时而如仪态万方的贵妇般从容行进，时而如温顺的羊群灵巧地左蹦右跳，这是一支多么欢快的队伍啊。中国的自行车，是一个象征、一个人、一件工具、一颗心……一位机器朋友。

机器友人，你敏捷潇洒地穿梭在各类车族中，谨慎地与机动车类的猛兽保持着距离，然而在横冲直撞、骄傲如孔雀降临鸡窝般的摩托车面前又不得不突然一个急刹停住。

在这些年的友谊中，我为了更好地表达对你的深入理解，表达我们的友情，我用自己的母语翻译与发明了多少专有名词和代称啊！我确信，当我们再相见时，时光不会老去，我们之间的情谊还将一如既往，巍如泰山般岿然不动，似蒙古天空般澄净无暇，如碧绿肥沃的稻田般生机勃勃。

我要与你暂别了，与你的一切，我用你的这首诗，将它译成我的母语，与你告别。我用这首诗与你道别，感谢你的耐心，一直读到这里。这首诗令我们的心中充满了同样的希冀：

夕阳拾起
最后的阴影，
空气凝住
呼吸的匆忙，
碧绿的猫眼，
金色的瞳孔，
睡意蒙眬。

世界沉沉睡去，
无声无息。

勤劳的小蜜蜂，
停歇在那
甜蜜的花心间，
悄然入梦。